茶艺实训教程

CHAYI SHIXUN
JIAOCHENG

- 主　　编　吕晓燕
- 副 主 编　罗逸甫　凌振芳　谢珑珑
- 参编人员　冯宗传　吕庆媚　唐荣春　李建萍
- 顾　　问　陈天华

華中科技大學出版社
http://press.hust.edu.cn
中国·武汉

内 容 简 介

本实训教材主要采用适合于技能培训的任务教学法和引导文教学法进行编写；面向对象为在校学生、非在校的茶艺爱好者。教材共包括辨识六大茶类、辨识茶具、茶艺冲泡流程、绿茶、黄茶、白茶、青茶、红茶、黑茶和中式调饮十个实训任务；每个实训任务由案例导入、实训目标、实训背景知识、实训任务书、实训内容和课后习题这几个部分构成。每个任务的实训背景知识，主要通过引导文教学法编写，引导学生在进行该任务技能学习前，先自学该实训任务的背景知识，教师可以通过提问的方式了解学生的学习情况，再进行技能授课。

图书在版编目(CIP)数据

茶艺实训教程 / 吕晓燕主编. -- 武汉 : 华中科技大学出版社, 2024. 11. -- ISBN 978-7-5772-1486-3

Ⅰ. TS971.21

中国国家版本馆CIP数据核字第2025YN7160号

茶艺实训教程
Chayi Shixun Jiaocheng

吕晓燕 主编

策划编辑：王雅琪
责任编辑：王雅琪
封面设计：孙雅丽
责任校对：刘小雨
责任监印：周治超

出版发行：华中科技大学出版社(中国·武汉)　电话：(027)81321913
武汉市东湖新技术开发区华工科技园　邮编：430223

录　排：孙雅丽
印　刷：武汉市籍缘印刷厂
开　本：787mm×1092mm　1/16
印　张：9.75
字　数：160千字
版　次：2024年11月第1版第1次印刷
定　价：49.80元

出版说明

Introduction

党的十九届五中全会确立了到2035年建成文化强国的远景目标，明确提出发展文化事业和文化产业。“十四五”期间，我国继续推进文旅融合、实施创新发展，不断推动文化和旅游发展迈上新台阶。国家于2019年和2021年先后颁布的《关于深化本科教育教学改革全面提高人才培养质量的意见》《国家职业教育改革实施方案》《本科层次职业教育专业设置管理办法（试行）》，强调进一步推动高等教育应用型人才培养模式改革，对接产业需求，服务经济社会发展。

基于此，建设高水平的旅游管理类专业应用型人才培养教材，将助力旅游高等教育结构优化，促进旅游类应用型人才的能力培养与素质提升，进而为中国旅游业在“十四五”期间深化文旅融合、持续迈向高质量发展提供有力支撑。

华中科技大学出版社一向以服务高校教学、科研为己任，重视高品质专业教材出版，“十三五”期间，在教育部高等学校旅游管理类专业教学指导委员会和全国高校旅游应用型本科院校联盟的大力支持和指导下，在全国范围内特邀中组部国家“万人计划”教学名师、近百所应用型院校旅游管理专业学科带头人、一线骨干“双师双能型”教师，以及旅游行业界精英等担任顾问和编者，组织编纂出版“高等院校应用型人才培养‘十三五’规划旅游管理类系列教材”。该系列教材自出版发行以来，被全国近百所开设旅游管理类专业的院校选用，并多次再版。

为积极响应“十四五”期间我国文旅行业发展及旅游高等教育发展的新趋势，“高等院校应用型人才培养‘十四五’规划旅游管理类系列教材”项目应运而生。本项目依据文旅行业最新发展和学术研究最新进展，立足旅游管理应用型人才培养特征进行整体规划，将高水平的“十三五”规划教材修订、丰富、再版，同时开发出一批教学紧缺、业界急需的教材。本项目在以下三个方面做出了创新：

一是紧扣旅游学科特色，创新教材编写理念。本套教材基于旅游高等教育发展新形势，结合新版旅游管理专业人才培养方案，遵循应用型人才培养的内在逻辑，在编写团队、编写内容与编写体例上充分彰显旅游管理应用型专业的学科优势，全面提升旅游管理专业学生的实践能力与创新能力。

二是遵循理实并重原则，构建多元化知识结构。在产教融合思想的指导下，坚持以案例为引领，同步案例与知识链接贯穿全书，增设学习目标、实训项目、本章小结、关键概念、案例解析、实训操练和相关链接等个性化模块。

三是依托资源服务平台，打造新形态立体教材。华中科技大学出版社紧抓“互联网＋”时代教育需求，自主研发并上线的华中出版资源服务平台，可为本套系教材作立体化教学配套服务，既为教师教学提供便捷，提供教学计划书、教学课件、习题库、案例库、参考答案、教学视频等系列配套教学资源，又为教学管理提供便捷，构建课程开发、习题管理、学生评论、班级管理等于一体的教学生态链，真正打造了线上线下、课堂课外的新形态立体化互动教材。

本项目编委会力求通过出版一套兼具理论与实践、传承与创新、基础与前沿的精品教材，为我国加快实现旅游高等教育内涵式发展、建成世界旅游强国贡献一份力量，并诚挚邀请更多致力于中国旅游高等教育的专家学者加入我们！

华中科技大学出版社

使用说明

Directions for use

本实训教材主要采用适合技能培训的任务教学法和引导文教学法进行编写；面向对象为在校学生和非在校的茶艺爱好者。针对目前学校和社会的茶艺培训实际情况，本教材在使用上具有一定的引导性和灵活性。

一、引导性

教材共十个实训任务，每个实训任务由案例导入、实训目标、实训背景知识、实训任务书、实训内容和课后习题构成。学习者可以将每个实训任务的实训任务书作为学习指导和学习自检自查的依据。

学习者的学习顺序为：自学实训背景知识—完成实训任务书—学习实训内容—完成课后习题。

每个实训任务的实训背景知识主要通过引导文教学法编号，引导学生在进行该任务技能学习前，自学该实训任务的背景知识；下一次技能授课前，教师可以通过提问的方式了解学生的学习情况。

二、灵活性

任务一到任务九为必学任务，任务十中式调饮为选学任务。编者通过调查目前学校里和社会上的茶艺培训的授课课时，了解到学校的授课课时一般为32学时或64学时，社会培训的授课课时一般为8天64学时或15天120学时。据此，列出以下授课学时分配建议表，如表1所示。

表1　授课学时分配建议表

任务	建议实训学时	建议配套理论授课	建议学习者练习学时
任务一　辨识六大茶类	4	4	4
任务二　辨识茶具	2	4	2
任务三　茶艺冲泡流程	4	2	10
任务四　绿茶	4	4	8
任务五　黄茶	3	3	4
任务六　白茶	3	3	4
任务七　青茶	4	4	8
任务八　红茶	4	4	8
任务九　黑茶	4	4	8
任务十　中式调饮	6	2	6
合计	38	34	62

附录：
附录一　我国茶叶产区概况
附录二　GB/T 23776—2018 茶叶感官审评方法
附录三　规定茶艺演示评分表
附录四　茶汤质量比拼评分表
学习者根据需要，自行阅读学习附录内容。

教材使用建议：

1. 若课程学时为32学时，校内授课教师或社会培训机构教师，建议在课堂上完成表1任务一至任务九的建议实训学时的授课，理论部分由教师布置任务，组织和引导学生自学教材第一部分的实训背景知识。

2. 若课程学时为64学时，建议在课堂上完成表1任务一至任务九32学时的实训教学和32学时的理论教学。

3. 若课程学时为120学时，建议在课堂上完成表1任务一至任务九32学时的实训教学和32学时的理论教学的基础上，安排56学时的练习学时。

4. 茶艺爱好者如需自学，建议先了解实训目标，自学并掌握第一部分的实训背景知识后，阅读每个任务第二部分的实训任务书，按第三部分实训内容的要求，完成每个实训任务的学习和练习；最后完成课后习题和重点知识的自我检测。

5. 任务十中式调饮为选学任务，院校或社会培训机构可在学生有学习兴趣和需求的情况下，增加学时，组织完成中式调饮的学习和练习，以提高茶艺学习者的茶调饮创新能力。

本实训教材各任务实训目标如表2所示。

表2　实训教材各任务实训目标

任务	实训目标	实训学时
任务一 辨识六大茶类	了解我国茶叶的主产区，掌握六大茶类的分类标准，能根据茶样的外形、汤色、香气、滋味和叶底等特点，判断茶样所属类别	4
任务二 辨识茶具	了解茶艺冲泡的茶具类别，掌握各种茶具的使用功能，能根据茶品特点和茶艺冲泡现场的实际情况选择合适的冲泡器具并掌握冲泡流程	2
任务三 茶艺冲泡流程	了解茶艺冲泡的茶具类别，掌握直口玻璃杯、盖碗和紫砂壶冲泡流程和手法，能根据茶品特点选择合适的冲泡器具并掌握冲泡流程	4
任务四 绿茶	了解绿茶加工程序，掌握绿茶分类标准，能辨识常见绿茶和典型名优绿茶，能根据实际场合的需求和绿茶茶品特点，选择合适的器具，掌握茶水比、水温和冲泡时间，并完成冲泡	4
任务五 黄茶	了解黄茶加工程序，掌握黄茶分类标准，能辨识常见黄茶和典型名优黄茶，能根据实际场合的需求和黄茶茶品特点，选择合适的器具，掌握茶水比、水温和冲泡时间，并完成冲泡	3

续表

任务	实训目标	实训学时
任务六 白茶	了解白茶加工程序，掌握白茶分类标准，能辨识常见白茶和典型名优白茶，能根据实际场合的需求和白茶茶品特点，选择合适的器具，掌握茶水比、水温和冲泡时间，并完成冲泡	3
任务七 青茶	了解青茶加工程序，掌握青茶分类标准，能辨识常见青茶和典型名优青茶，能根据实际场合的需求和青茶茶品特点，选择合适的器具，掌握茶水比、水温和冲泡时间，并完成冲泡	4
任务八 红茶	了解红茶加工程序，掌握红茶分类标准，能辨识常见红茶和典型名优红茶，能根据实际场合的需求和红茶茶品特点，选择合适的器具，掌握茶水比、水温和冲泡时间，并完成冲泡	4
任务九 黑茶	了解黑茶加工程序，掌握黑茶分类标准，能辨识常见黑茶和典型名优黑茶，能根据实际场合的需求和黑茶茶品特点，选择合适的器具，掌握茶水比、水温和冲泡时间，并完成冲泡	4
任务十 中式调饮	了解调饮师这一职业定义和工作任务，理解中式调饮的原则，掌握中式调饮的流程标准，能根据六大茶类的汤色、香气和滋味等特点搭配与之相适应的、应季的配料，完成奶茶和果茶的制作	6

目录

Contents

任务一

辨识六大茶类

案例导入

近日，一位茶友拿了一罐黄山毛峰让茶艺师小王帮忙鉴定质量。小王打开包装，看了之后，发现该款黄山毛峰可能是仿冒茶。小王根据她的专业知识，向朋友解释，黄山毛峰的外形微卷、形如雀舌，干茶绿中泛黄，银毫显露，而朋友的黄山毛峰，干茶墨绿笔直，芽头细长，没有白毫。朋友听完后，感叹原来辨识一款茶是否为“正品”，需要了解这么多的专业术语。

小王向朋友解释，作为专业茶艺师，要能快速准确辨识一款茶，就要掌握该款茶的典型品质特征，比如冲泡前的外形特征，还有冲泡后汤色、香气、滋味和叶底等方面的特征。

实训目标

1. 了解我国茶叶的主产区，掌握六大茶类的分类标准；

2. 能根据茶样的外形、汤色、香气、滋味和叶底等特点，判断茶样所属类别。

知识导图

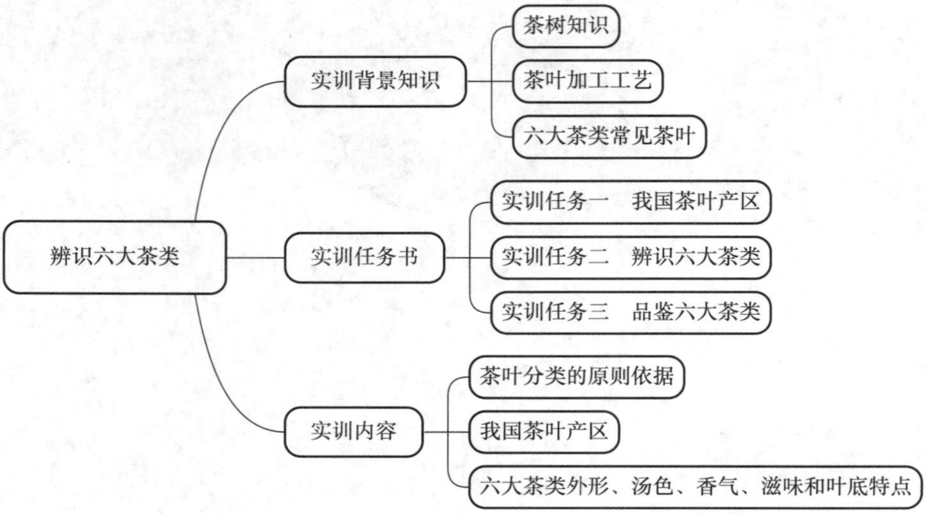

- 辨识六大茶类
  - 实训背景知识
    - 茶树知识
    - 茶叶加工工艺
    - 六大茶类常见茶叶
  - 实训任务书
    - 实训任务一　我国茶叶产区
    - 实训任务二　辨识六大茶类
    - 实训任务三　品鉴六大茶类
  - 实训内容
    - 茶叶分类的原则依据
    - 我国茶叶产区
    - 六大茶类外形、汤色、香气、滋味和叶底特点

一、实训背景知识

（一）茶树知识

茶树原产于中国，适宜茶树生长的土壤应该具备通气性、透水性或蓄水性能好的特点；在气温上，年最佳平均温度为18 ℃～25 ℃；最好是在有一定海拔高度、云雾缭绕的坡地。

在茶树自然生长的情况下，根据植株的高度和分枝习性，可将茶树分为乔木型、小乔木型和灌木型。乔木型的典型特点是树形较高大，主干明显且较为粗大，分枝部位高；小乔木型的典型特点是有明显的主干，容易区分主干和分枝，但分枝部位离地面较近；灌木型的典型特点是主干矮小，分枝稠密，不易分清主干和分枝。我国人工栽培的茶树多属灌木型。

在我国的四个茶区中，每个茶区的茶树都具有一些共性特点，江北茶区和江南茶区种植的茶树比较相似，大多为灌木型中叶种和小叶种，以及少部分小乔木型中叶种和大叶种；西南茶区栽培的茶树有灌木型和小乔木型，且西南茶区有较多的乔木型古茶树；华南茶区种植了较多乔木型和小乔木型的大叶种茶树。

（二）茶叶加工工艺

茶叶是以茶树鲜叶为原料经过不同的加工工艺制作而成。依据茶叶加工工艺，茶叶茶多酚氧化程度及所呈现的品质特征不同，从初制的角度可将茶叶分为绿茶、白茶、黄茶、青茶（乌龙茶）、红茶和黑茶六大类，具体初制工艺流程如表1-1所示。

表1-1 六大茶类初制工艺流程

茶类	初制工艺流程
绿茶	摊放—杀青—揉捻(或不揉捻)—干燥
白茶	萎凋—干燥
黄茶	杀青—揉捻—闷黄—干燥
青茶	萎凋—做青—杀青—揉捻—干燥(常用烘焙)
红茶	萎凋—揉捻(或揉切)—发酵—干燥
黑茶	杀青—揉捻—渥堆—干燥

（三）六大茶类常见茶叶

我国种茶、制茶历史悠久，因此，有许多品质优良、极具特色的茶品。历史上，具有一定公信力和影响力的十大名茶评选，一共有六次。

第一次，1915年巴拿马万国博览会，将碧螺春、信阳毛尖、西湖龙井、君山银针、黄山毛峰、武夷岩茶、祁门红茶、都匀毛尖、铁观音、六安瓜片列为中国十大名茶。

第二次，1958年农业农村部（原农业部）牵头组织的中国“十大名茶”评比会，将南京雨花茶、洞庭碧螺春、黄山毛峰、庐山云雾茶、六安瓜片、君山银针、信阳毛尖、武夷岩茶、安溪铁观音、祁门红茶列为中国十大名茶。

第三次，1999年《解放日报》将江苏碧螺春、西湖龙井、安徽毛峰、六安瓜片、恩施玉露、福建铁观音、福建银针、云南普洱茶、信阳毛尖、江西云雾茶列为中国十大名茶。

第四次，2001年美联社和《纽约日报》将黄山毛峰、洞庭碧螺春、蒙顶甘露、信阳毛尖、西湖龙井、都匀毛尖、庐山云雾、安徽瓜片、安溪铁观音、苏州茉莉花列为中国十大名茶。

第五次，2002年《香港文汇报》将西湖龙井、江苏碧螺春、安徽毛峰、湖南君山银针、信阳毛尖、安徽祁门红茶、安徽瓜片、都匀毛尖、武夷岩茶、福建铁观音列为中国十大名茶。

第六次，即2017年农业农村部组织过的评选。最终公布的“中国十大茶叶区域公用品牌”依次为：西湖龙井、信阳毛尖、安化黑茶、蒙顶山茶、六安瓜片、安溪铁观音、普洱茶、黄山毛峰、武夷岩茶和都匀毛尖。

我国六大茶类常见茶叶如表1-2所示。

表1-2　六大茶类常见茶叶

茶类	常见茶叶
绿茶	西湖龙井(产于浙江省杭州市西湖龙井村) 碧螺春(产于江苏省苏州市太湖洞庭山) 信阳毛尖(主要产地在河南省信阳市浉河区、平桥区和罗山县) 六安瓜片(主要产地在安徽省六安市裕安区和金寨县) 恩施玉露(产于湖北省恩施市南部的芭蕉乡及东郊五峰山) 都匀毛尖(产于贵州省都匀市) 庐山云雾(产于江西省庐山市) 安吉白茶(产于浙江省湖州市安吉县) 南京雨花茶(产于南京中山陵和南京雨花台风景名胜区) 黄山毛峰(产于安徽省黄山市徽州一带) 太平猴魁(产于安徽省太平县一带) 竹叶青(产于四川省峨眉山) 日照绿茶(产于山东省日照市)

续表

茶类	常见茶叶
红茶	祁门红茶(产于安徽省祁门县) 正山小种(产于福建省武夷山市星村镇) 滇红工夫(产于云南省滇西、滇南两大茶区) 宁红工夫(产于江西省修水县等地) 宜红工夫(产于鄂西山区宜昌、恩施两地区) 川红工夫(产于四川省宜宾等地) 九曲红梅(产于浙江省杭州市) 阳羡红茶(产于江苏省宜兴市)
青茶	铁观音(产于福建省安溪县) 大红袍(产于福建省武夷山) 黄金桂(原产于福建省安溪虎邱镇罗岩村) 武夷水仙(产于福建省武夷山) 冻顶乌龙(主产于台湾南投县鹿谷乡的冻顶山一带) 东方美人(主产区在台湾新竹县峨眉乡以及苗栗县的头份、老田寮等地区) 凤凰单丛(产于广东省潮州市凤凰山东南坡一带) 漳平水仙(产于福建省漳平市) 诏安八仙茶(产于福建省诏安县)
黑茶	安化黑茶(产于湖南省安化县) 湖北青砖(产于湖北省) 广西六堡茶(产于广西省) 四川藏茶(产于四川省雅安市) 泾阳茯砖(产于陕西省) 普洱茶(产于云南省)
白茶	福建银针(产于福建省福鼎市) 福鼎白茶(产于福建省福鼎市) 政和白茶(产于福建省政和县) 月光白(产于云南省)
黄茶	君山银针(产于湖南省岳阳市) 蒙顶黄芽(产于四川省雅安市蒙顶山) 霍山黄芽(产于安徽省霍山县) 远安黄茶(产于湖北省远安县) 广东大叶青(产于广东省韶关、肇庆、湛江等地) 皖西黄大茶(产于安徽省霍山、金寨、大安、岳西等地) 平阳黄汤(产于浙江省平阳县) 沩山白毛尖(产于湖南省宁乡市)

二、实训任务书

实训任务一　我国茶叶产区

实训日期：　　　年　　月　　日

产区	覆盖区域	主要产茶类别	产区特点
江南产区			
江北产区			
西南产区			
华南产区			

实训心得：

说明：请根据实训要求，记录实训要点、相关概念和专有名词。

实训任务二　辨识六大茶类

实训日期：　　　年　　月　　日

类别	外形特点（包括形状、色泽、整碎、净度）
绿茶	
白茶	
黄茶	
青茶	
红茶	
黑茶	

实训心得：

说明：请根据实训要求，记录实训要点、相关概念和专有名词。

实训任务三　品鉴六大茶类

实训日期：　　年　　月　　日

类别	汤色	香气	滋味	叶底
绿茶				
白茶				
黄茶				
青茶				
红茶				
黑茶				

实训心得：

说明：请根据实训要求，记录实训要点、相关概念和专有名词。

三、实训内容

（一）茶叶分类的原则依据

茶叶分类的依据很多，如外形、产地、加工工艺、品质特征等。陈椽教授是我国的茶学家、茶业教育家、制茶专家，也是我国制茶学学科的奠基人，他在1979年撰写了《茶叶分类的理论与实际》一文，以茶叶变色理论为基础，根据茶叶加工工艺、茶多酚的氧化程度（发酵度）和茶叶品质特征，从茶叶初制的角度，系统地把茶叶分为绿茶、白茶、黄茶、青茶、红茶和黑茶共六大种类，具体如表1-3所示。

表 1-3　六大茶类及发酵情况

茶类	发酵度	发酵类别
绿茶	0%～5%	不发酵
白茶	5%～10%	微发酵(自身物质发酵)
黄茶	10%～20%	微发酵(自身物质发酵)
青茶	10%～70%	半发酵(自身物质发酵)
红茶	70%～90%	全发酵(自身物质发酵)
黑茶	会随时间发生改变	后发酵(微生物发酵)

2024年9月6日起正式实施的《食品安全国家标准 茶叶》(GB 31608—2023)是茶叶产品目前较为权威的食品安全国家标准，标准中对“茶鲜叶”和“茶叶”进行了定义。

1. 茶鲜叶

茶鲜叶的定义为从山茶科山茶属茶树[*Camellia sinensis*（L.）O.Kuntze]上采摘的新梢，作为各类茶叶加工的原料。

2. 茶叶

茶叶的定义为以茶鲜叶为原料，采用特定加工工艺制作，供人们饮用或食用的产品，包括绿茶、黄茶、黑茶、白茶、青茶（乌龙茶）、红茶，及以上述茶叶为原料再加工的花茶、紧压茶、袋泡茶和粉茶。

（二）我国茶叶产区

我国不仅是世界茶树的原产地之一，也是世界上最大的茶叶种植国家，南北方均种茶、产茶。从古至今，我国南方是茶叶种植和生产的重要之地。唐代“茶圣”陆羽的著作《茶经·一之源》开篇的第一句“茶者，南方之嘉木也，一尺二尺，乃至数十尺”，说明了中国南方是茶叶的发源地。

为了便于管理和研究，继1979年安徽农业大学陈椽教授将茶叶划分为六大茶类后，在1982年，中国农业科学院茶叶研究所的研究人员根据我国茶叶产区的生产历史、生态条件、茶树类型、品种分布、茶类结构等因素，将我国茶区划分为四个：江北茶区、江南茶区、西南茶区和华南茶区。

我国的茶叶产区北起北纬38°的山东省烟台市蓬莱区的蓬莱山，南至北纬18°的海南省三亚市，西起东经91°的西藏自治区山南市的错那市，东至东经122°的台湾地区的东海岸。产茶区域从西至东，跨越31个经度；从北到南，跨越20个纬度。

从行政区域看，我国茶区遍及西藏、四川、甘肃、陕西、河南、山东、云南、贵州、重庆、湖南、湖北、江西、安徽、浙江、江苏、广东、广西、福建、海南、台湾等地。

中国南北方的划分，是以秦岭—淮河为界。秦岭—淮河以南的地区为南方，以北的地区为北方。对照我国地图可知，江北茶区属于北方，而江南茶区、西南茶区和华南茶区分布在我国南方。

西南茶区位于中国西南部，包括西藏的东南部、云南的中北部、重庆、贵州和四川，是中国最古老的茶区。该产区各地温差大，四川盆地年平均气温为16 ℃～18 ℃，云贵高原年平均气温为14 ℃～15 ℃。西南茶区是茶树最适宜生长的地区之一，茶树资源丰富，是中国发展大叶种红碎茶的主要基地之一。云贵高原为茶树原产地中心，其地形复杂，有些同纬度地区海拔高低悬殊，气候差别很大，大部分地区均属亚热带季风气候，冬不寒冷，夏不炎热。西南茶区的土壤也较为适合茶树生长，土壤有机质含量一般比其他茶区丰富。四川、贵州和西藏东南部以黄壤为主，有少量棕壤；云南中北部主要为赤红壤和山地红壤。

华南茶区位于我国南部，包括台湾、海南两地，以及福建和广东的中南部、广西和云南的南部。茶区高温多湿，是茶树生态最适宜区。该区是我国最南部的茶区，茶的种类丰富，有乔木、小乔木、灌木等类型的茶树品种，茶资源极为丰富，生产红茶、乌龙茶、花茶、白茶和六堡茶等，所产大叶种红碎茶茶汤浓度较高。除闽北、粤北和桂北等少数地区外，华南茶区年平均气温为19 ℃～22 ℃，最低平均气温为7 ℃～14 ℃，茶年生长期为10个月以上，年降水量是中国茶区之最，

一般为1200～2000毫米。茶区土壤以砖红壤为主，部分地区有红壤和黄壤分布，土层深厚，有机质含量丰富。

江南茶区位于我国长江中下游南部，包括浙江、湖南、江西三省，以及湖北、安徽和江苏的南部、广东和广西的北部、福建的中北部。该产区四季分明，气候温和湿润，是茶树适宜区，也是中国茶叶的主要产区，茶叶年产量大约占全国总产量的2/3。生产的茶类主要有绿茶、红茶、黑茶、花茶，以及品质各异的特种名茶，如西湖龙井、黄山毛峰、洞庭碧螺春、君山银针、庐山云雾等。江南茶区的茶园主要分布在丘陵地带，少数在海拔较高的山区。这些地区四季气候分明，年平均气温为15 ℃～18 ℃，冬季气温一般在－8 ℃以上。年降水量1400～1600毫米，春夏季雨水较多，占全年降水量的60％～80％，秋季较为干旱。茶区土壤主要为红壤，部分为黄壤或棕壤，有少量冲积壤。

江北茶区位于我国长江中下游北部，包括河南、陕西、甘肃、山东等省和皖北、苏北、鄂北等地。该产区气温低、积温少，大部分地区年平均气温在15.5 ℃以下，极端最低温度可达－15 ℃。该区域为茶树次适宜区，是我国最北边的茶区，茶区昼夜温差大，有利于茶树有机质的积累。该区域年降水量较少，为700～1000毫米，且分布不匀，常使茶树受旱。茶区土壤多属黄棕壤或棕壤，是中国南北土壤的过渡类型。该区域少数山区有良好的微域气候，故茶的质量亦不亚于其他茶区。

（三）六大茶类外形、汤色、香气、滋味和叶底特点

我国茶叶种植和饮用的历史悠久，茶叶种类繁多，根据不完全统计，不止上千种；而市面上，消费者购买率较高的常见茶也有一两百种之多。每种茶叶会因为产地、海拔、季节、茶树品种、加工工艺等不同，而呈现出不一样的特点。但是归根结底，茶叶的不同，最大的区别还是在于制作工艺和茶多酚氧化程度（发酵度）的不同。

为了从逻辑上归纳出六大茶类品质特征的共性，在此，引入茶叶审评的“五项因子”和“八项因子”这两个概念。为了解析清楚这两个概念，进而引入关于评茶员这一职业工种的介绍。在我国与茶相关的职业工种中，除了茶艺师，还有

评茶员。根据中华人民共和国人力资源和社会保障部会同有关部门颁布的《评茶员国家职业技能标准》，评茶员是运用感官评定茶叶色、香、味、形的品质及等级的人员。通俗来说，就是审评人员运用视觉、嗅觉、味觉、触觉等感官能力，对茶品质的好坏做出判定。

“五项因子”主要针对初制茶审评，包括外形、汤色、香气、滋味和叶底。“八项因子”主要针对精制茶审评，主要包括形态、色泽、均整度、净度、汤色、香气、滋味和叶底。

在此，也解释一下“五项因子”和“八项因子”之间的关联性。“八项因子”中的“形态、色泽、均整度、净度”是由五项因子中的“外形”这一因子细分出来的，这四个因子可以通过审评干茶做出评定，也被称为外质审评；而“汤色、香气、滋味、叶底”这四个因子是需要对茶叶进行冲泡后才能进行评定的，也被称为内质审评。

六大茶类由于产地、海拔、季节、加工工艺的不同，会呈现出各种各样的特点，但根据制作工艺和茶多酚氧化程度（发酵度）的不同，每个类别的茶叶会有一些共性。

1. 绿茶

绿茶是我国历史最悠久、产茶量最多、受众面最广的一类茶叶，产地遍布全国。绿茶从茶多酚氧化程度来说，是属于不发酵茶，其工艺特点在于将鲜叶采摘后，迅速以高温杀灭和钝化鲜叶中的酶类物质，抑制茶多酚氧化；故绿茶有干茶绿、茶汤绿、叶底绿的“三绿”特点。

绿茶有非常多的外形特点，如针形、扁平形、卷曲形；汤色一般为绿色或绿黄色；从香气上来归纳，主要以嫩香、花香和清香为主；滋味较为鲜爽。

2. 白茶

在六大茶类中，白茶的制作工艺最自然，简单来说，只需自然摊晾，再晒干或烘干。在这样的加工过程中，让茶叶中的茶多酚自然氧化，因此属微发酵茶。

白茶的成品茶，是茶青采摘级别较高的白毫银针，满披白毫，如银似雪。由于加工过程中没有经过揉捻，白牡丹、贡眉、寿眉等外形自然舒展。其新茶汤色

以杏黄、浅黄和绿黄为主，汤色较浅。由于仅是轻微发酵，白茶的制作工艺最自然，故白茶的香气以清香为主，味道也较为鲜爽。

3. 黄茶

黄茶是我国特有的茶类。黄茶的加工工艺是在绿茶基础上加以闷黄的工艺，因此形成黄叶黄汤之特点，属微发酵茶。一些典故里称黄茶是加工坏了的绿茶。从严格的工艺来说，闷黄这一工序，对湿度、温度等都有严格要求。

由于在绿茶的基础上，加了闷黄这一工序，故黄茶汤色以黄色或绿黄最为常见，滋味甘香醇爽，和绿茶比要更柔和，回甘生津。

4. 青茶

青茶也被称为乌龙茶，主要产于我国的福建、广东、台湾等地。青茶被称为“茶中香水”，其工艺复杂费时，其中做青是重要工序，特殊的香气和“绿叶红镶边”就是由此形成，属于半发酵茶。

青茶从外形上可以分为颗粒形和条索形两大类，其中颗粒形主要是福建的铁观音和台湾的冻顶乌龙。由于青茶属于半发酵茶，兼具了绿茶和红茶的加工工艺，故青茶的香气从清新、花香到熟果香都有；在滋味上兼具了绿茶的清爽和红茶的醇厚；青茶汤色很多，从蜜黄一直加深到橙红。

5. 红茶

红茶是国际市场贸易量最大、全世界饮用地区最广泛的茶叶品种。据相关统计，红茶是全球消费量最大的茶类。红茶属全发酵茶，与不发酵的绿茶工艺相比，红茶没有杀青这一工序，而增加了萎凋和发酵这两道工序；这样的工艺特点，与清爽的绿茶相比，口感更为甜醇。

红茶具有红汤红叶和滋味甜醇的特点。一般来说，红茶干茶色泽乌黑油润；香气一般较为高扬持久，有甜甜的花果香味；滋味口感香醇无涩；汤色和叶底都呈红色。

6. 黑茶

与六大茶类中其他茶类明显不同，黑茶被称为“能喝的古董”，以陈为贵，需要经过一定时间的存放。陈年黑茶，要经过长时间的存放，在存放期间，微生物自然地进行缓慢而持续的发酵（后发酵）。经过多年的发酵转化，茶叶形成独特陈味陈韵。黑茶的加工工艺中，有渥堆发酵这一工序，属后发酵茶。渥堆是黑茶加工独有的工艺，也是形成黑茶品质特征的关键工艺。为方便运输，多数黑茶被压制成紧压茶，如砖茶、沱茶、饼茶。与其他茶类不同的是，黑茶发酵不是利用茶叶本身的酶，而是利用微生物产生的酶。

黑茶干茶一般色泽乌润；汤色从澄黄到红褐；香气醇和；滋味醇厚回甘。

课后习题

一、判断题（对的请打“√”，错的请打“×”。）

(　　) 1.茶树性喜温暖、湿润，在南纬45°与北纬38°间都可以种植。

(　　) 2.茶叶的保存应注意温度的控制，温度越高茶叶品质的变化越快。

(　　) 3.茶树扦插繁殖后代，能充分保持母株高产和抗性的特性。

(　　) 4.扦插育苗法不能保持母株的性状和特性。

(　　) 5.中国是茶树种质资源最丰富的国家。

二、单项选择题（答案是唯一的，多选、错选不得分。）

1.基本茶类分为不发酵的（　　），全发酵的红茶类，半发酵的青茶类，部分发酵的白茶类，部分发酵的黄茶类及后发酵的黑茶类，共六大类。

A.绿茶类　　B.花茶类　　C.普洱茶　　D.苦丁茶

2.茶树扦插繁殖后代的意义是能充分保持母株的（　　）。

A.早生早采的特性　　B.晚生迟采的特性

C.高产和优质的特性　　D.性状和特性

3.灌木型茶树的基本特征是（　　）。

A.没有明显主干，分枝较密，多近地面处，树冠短小

B.主干明显，分枝稀，多近地面处

C. 主干明显，分枝密，多距地面较高处

D. 没有明显主干，分枝稀，树冠大

4. 茶树性喜温暖、湿润，通常气温在（　　）最适宜生长。

A.10 ℃～18 ℃　　B.18 ℃～25 ℃　　C.25 ℃～30 ℃　　D.30 ℃～35 ℃

5. 茶树适宜在土质疏松，排水良好的微酸性土壤中生长，以酸碱度pH值在（　　）为最佳。

A.6.5～7.5　　B.5.5～6.5　　C.4.5～5.5　　D.3.5～4.5

6. 茶叶区别于其他植物的特征有（　　）。

A. 背面没有银白色的茸毛　　B. 叶片边缘锯齿存在于部分茶叶中

C. 叶面分布着网状叶脉　　D. 嫩枝茎呈圆锥形

7. 茶叶（　　）是衡量茶叶采摘和加工优劣的重要参考依据。

A. 新　　B. 干　　C. 匀　　D. 香

8.（　　）是指在无任何污染的茶叶产地，按有机农业生产体系和方法生产出的鲜叶原料，在加工、包装、储运过程中不受任何化学物品污染，并经有机茶认证机构审查颁证的茶叶。

A. 天然有机茶　　B. 农家茶　　C. 绿色食品茶　　D. 普通饮用茶

9.《茶叶卫生标准》理化指标规定茶叶中的DDT为（　　）。

A.≤0.1 mg/kg　　B.≤0.2 mg/kg　　C.≤3 mg/kg　　D.≤5 mg/kg

10. 贸易标准样是茶叶对外贸易中（　　）和货物交接验收的实物依据。

A. 毛茶收购　　B. 成交计价　　C. 交接验收　　D. 检验产品

11. 按照标准的管理权限，下列（　　）标准属于国家标准。

A.《屯炒青绿茶》　　B.《紧压茶沱茶》

C.《祁门工夫红茶》　　D.《闽烘青绿茶》

12. 茶汤的色度，主要从（　　）三方面评比。

A. 正常色、劣变色、陈变色　　B. 色度、亮色、浑浊度

C. 明亮、晦暗、混浊　　D. 金黄、橙黄、清黄

13. 下面不属于茶树类型的为（　　）。

A. 乔木型　　B. 小乔木型　　C. 灌木型　　D. 小灌木型

14. 不发酵的茶类是（　　）。

A.绿茶　B.青茶　C.红茶　D.黄茶

15. 以下属于中国茶树种质资源的是（　　）。

A.城市品种　B.非引入品种　C.品系　D.非育成品种

任务二

辨识茶具

案例导入

近日，一位在办公室担任接待工作的朋友，接到了公司派出的购买办公室泡茶用具的任务。朋友在网络购物平台上进行搜索后，发现茶具种类繁多，有壶、盖碗、玻璃杯等，对茶具不了解的朋友向茶艺师小王求助。小王了解到办公室接待用茶主要为绿茶和红茶后，推荐朋友购买了一套白瓷盖碗茶具。

小王向朋友解释，作为日常接待，需要根据场合、茶品去选择适用的茶具。盖碗适合冲泡绿茶和红茶，且白瓷盖碗操作简单方便，易于清洁养护。

实训目标

1. 了解茶艺冲泡的茶具类别，掌握各种茶具的使用功能；

2. 能根据茶品特点和茶艺冲泡现场的实际情况选择合适的冲泡器具并掌握冲泡流程。

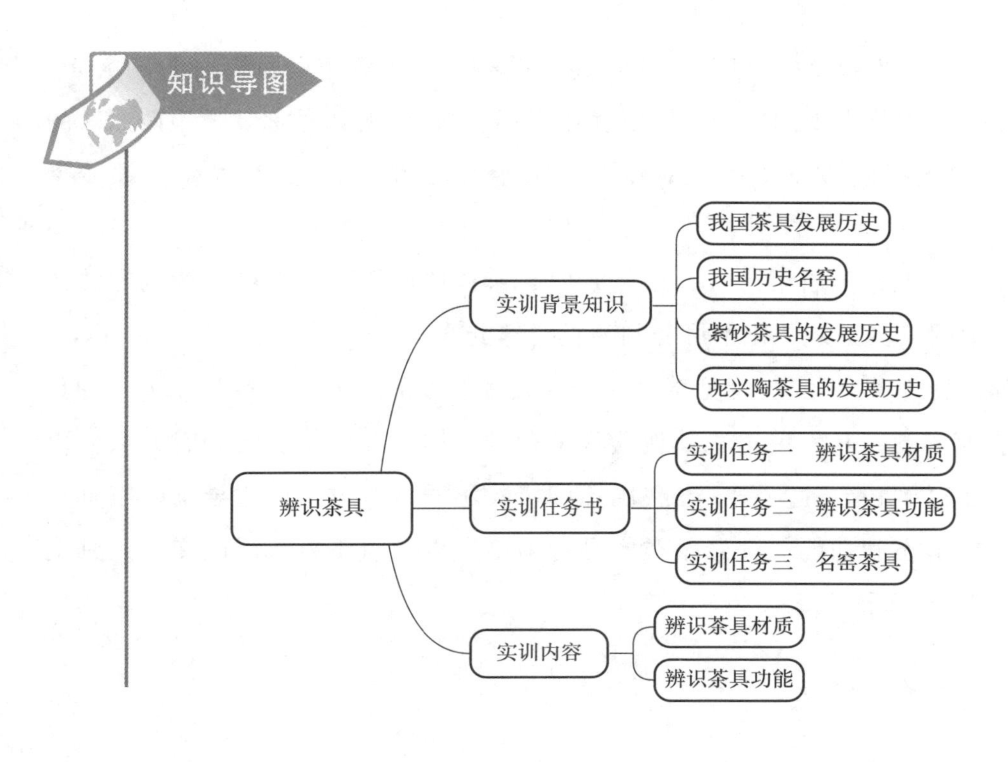

一、实训背景知识

（一）我国茶具发展历史

茶具，古代亦称茶器或茗器。西汉辞赋家王褒《僮约》中有“烹茶尽具，酺已盖藏”之说，这是中国最早提到茶具的一条史料。

到唐代，茶具一词在唐诗里处处可见。唐代文学家皮日休《茶具十咏》中所列出的茶具种类有茶坞、茶人、茶笋、茶籯、茶舍、茶灶、茶焙、茶鼎、茶瓯、煮茶。唐代诗人陆龟蒙《零陵总记》中说：“客至不限匝数，竞日执持茶器。”白居易《睡后茶兴忆杨同州》中说：“此处置绳床，傍边洗茶器。”唐代文学家皮日休的《褚家林亭》中有“萧疏桂影移茶具”之语。

宋、元、明几个朝代，茶具一词在各书籍中都可以看到，如《宋史·礼志》载：“皇帝御紫宸殿，六参官起居北使……是日赐茶器名果。”宋代皇帝常将茶器作为赐品，可见在宋代茶具是十分名贵的物品。北宋画家文同有“惟携茶具赏幽

绝”的诗句。南宋诗人翁卷写有“一轴黄庭看不厌，诗囊茶器每随身”的名句。元画家王冕的《吹箫出峡图》中有“酒壶茶具船上头”。明初号称“吴中四杰”的画家徐贲，一天夜晚邀友人品茗对饮时，他乘兴写道：“茶器晚犹设，歌壶醒不敲。”

不难看出，无论是唐宋诗人，还是元明画家，他们笔下经常可以读到有关茶具的诗句，说明茶具是茶文化不可分割的重要部分。

古人称“器为茶之父”，可见茶具对于泡茶和饮茶的重要性。茶具作为一种具有实用功能的器具，其发展史和其他饮具、食具一样，经历了从无到有，从共用到专一和从粗糙到精致的历程。在我国历朝历代不同饮茶方式的主导下，茶具呈现出了不同的形态和功能。随着茶类的品种增多，以及饮茶方法的改变，茶具也在不断地完善与创新。

1. 唐以前一器多用

唐以前，南朝饮茶已形成风气，但当时的茶具与饮食器皿共用，并没有明确地分化出专用的茶具。

2. 中唐时出现了专用的茶具

中唐时，饮茶之风在全国逐渐盛行，出现了专用的茶具。唐代“茶圣”陆羽在《茶经·四之器》中详细记载了唐代各种煎饮茶器。我国出土的唐代文物中，也有专用的茶具，比如茶托、茶碗、茶瓶、茶碾、茶罗。由此可见，在唐代，茶具的品种已经比较齐备。同时，从出土的茶具也可看出，唐代煎茶、饮茶之风极为盛行。

3. 宋代茶具造型和工艺的发展

饮茶之风“兴于唐，盛于宋”。宋代茶具除增加了磨末用的茶磨外，茶具的种类变化不大。但宋代茶具在造型和工艺上与唐代相比，却有较大发展。宋代饮茶多用更具仪式感和艺术性的点茶法。

相比于唐代，宋代茶具除“金银为上”以外，陶瓷茶具也有很大的发展。宋代最有代表性的茶具史料，是南宋审安老人所著的《茶具图赞》。这是一部茶具图谱，用白描的手法画出了十二种茶具，并冠以特定名号，取名“十二先生”。书中的另一独特之处是给十二种茶具赋予了个性，将茶的物质性与文化内涵做了趣味性的结合。

4. 元代茶具承上启下

唐宋饮茶主要以团饼茶为主，元代团茶和散茶并存，茶具延续了宋代的风格。但由于元代散茶较之宋代更为盛行，且绿茶的制作保存了茶的色、香、味，茶具因制茶和饮茶方法的改进而发展出一种鼓腹、有管状流和把手或提梁的茶壶。

5. 明清茶具大变革

到了明代，散茶成为饮用的主流茶叶，茶叶的加工、饮用方式发生了很大变化，因而茶具也产生很大变革。由于改饮散茶，之前用于团饼茶的茶臼、茶碾、茶磨和茶筅淡出了茶文化的历史舞台，而冲泡和品饮散茶的茶壶与茶杯组合开始盛行。盖碗出现在明末清初，并在清代成为主流茶具；紫砂茶具则出现在明代中期，并成为重要茶具，一直流行使用至今。

清代饮茶方式与明代一致，故茶具也基本沿袭明代，只是在茶具的材质上更丰富多样。

6. 近现代茶具丰富多彩

近现代的茶具基本延续了明清茶具的特点，并不断完善发展，茶具的种类和样式更为丰富多样，质量更为上乘。茶具发展最明显的特点在于材质的多样性，在延续了传统的陶、瓷、金属、竹木、石的基础上，随着科学技术和工艺的发展，不锈钢、玻璃和各种混合材质的茶具也登上了茶文化舞台。

（二）我国历史名窑

瓷器源于中国，唐代是我国陶瓷发展史上的第一个高峰。在悠久而辉煌的瓷器发展历史中，我国出现了闻名世界的五大名窑，如表2-1所示。

表 2-1　五大名窑介绍

五大名窑	介绍
官窑	官窑有南北之分。据文献记载，北宋末徽宗政和至宣和年间，在汴京（今河南开封），官府设窑烧造青瓷，称北宋官窑。宋室南迁杭州后，在浙江杭州凤凰山下设窑，名修内司窑，也称“内窑”。后又在今杭州市南郊的乌龟山别立新窑，即郊坛下官窑。以上统称南宋官窑。官窑瓷器胎体厚重，具有浓郁的宫廷色彩，造型规整、大气，富有宫廷气息。官窑瓷器的釉面肥厚，色调丰富，以粉青、梅子青为典型，底部无釉，呈现“紫口铁足”的特点。官窑瓷器表面带有略微开片，经过茶水的滋养，可以开出漂亮的纹路，纹理布局规则有致
哥窑	哥窑位于中国河南省南阳市西南部，地处瓷器历史的重要节点。在唐代，哥窑已经开始生产瓷器，并在宋代达到鼎盛。哥窑以其神秘的色调和独特的开片工艺而备受推崇。哥窑瓷器以青瓷为主，开片呈金黄色或黑色，形成独特的“哥窑纹”。哥窑瓷器的造型追求古朴典雅，器型以碗、盘、瓶等为主，线条流畅、优美。哥窑的釉面是亚光的，釉面层厚实，外观圆润饱满
汝窑	窑址在今河南省宝丰县清凉寺。汝窑以其独特的瓷器风格和精湛的烧制技术而闻名。汝窑瓷器以青瓷为主，色调丰富，包括天青、豆青、卵青等。汝窑瓷器的造型简约大气，充分体现了宋代对极简主义美学的追求。汝窑瓷器的釉色温润古朴，釉面平滑细腻，如同美玉，器表常带有蝉翼纹般细小开片，釉下有稀疏氧泡，在阳光下时隐时现，似晨星闪烁。汝窑瓷器因其精美绝伦的工艺和稀有的传世品而备受珍视
定窑	窑址在河北曲阳野北村。定窑以其精美的白瓷和丰富的装饰技法而闻名。定窑瓷器以白瓷为主，色调柔和、匀净。定窑的装饰技法丰富多样，包括刻花、印花、贴花等，使得定窑瓷器具有极高的艺术价值。定窑的胎质坚密、细腻，釉色透明，柔润媲玉，以其精美的工艺和丰富的装饰技法而备受推崇
钧窑	窑址在现在的河南省禹州市城内的八卦洞。钧窑以其变幻莫测的釉色和精湛的烧制技术而闻名。钧窑瓷器以青瓷为主，兼烧钧红、天青等，釉色在高温下会发生窑变，呈现出丰富多彩的色彩效果。钧窑的造型追求实用与美观的结合，器型以盘、碗、瓶等为主。钧窑的釉色有玫瑰紫、天蓝、月白等多种色彩，其中“钧红”的烧制成功开创了一个新境界

五大名窑的瓷器都经历了高温烧制的过程，它们不仅是日常生活用品，更是艺术品，在中国陶瓷史上占有重要地位，它们分别在不同的历史时期代表着当时的最高烧制水平。

（三）紫砂茶具的发展历史

紫砂壶的原产地在江苏宜兴，故又名宜兴紫砂壶。宜兴紫砂壶始于宋，成于明，盛于清，繁荣于当代。紫砂壶颜色丰富，有紫、红、黄、绿等多种颜色，为紫砂壶增添了无限的魅力。紫砂壶的特点是透气不透水，用来泡茶不夺茶香气又无熟汤气，壶壁可以吸附茶气，日久使用，壶身光泽油润，很有韵味。

紫砂壶是中国特有的手工制造陶土工艺品，其制作始于明朝正德年间，制作原料为紫砂泥，原产地在江苏宜兴丁蜀镇。从明武宗正德年间以来，紫砂开始制成壶，名家辈出，五百年间不断有精品传世。按通常的说法，紫砂壶的创始人是明代正德至嘉靖年间的龚春（供春）。吴梅鼎《阳羡茗壶赋·序》中写道："余从祖拳石公读书南山，携一童子名供春，见土人以泥为缶，即澄其泥以为壶，极古秀可爱，世所称供春壶是也。"当时人称赞"栗色暗暗，如古今铁，敦庞周正"。短短十二个字，令人如见其壶。可惜供春壶已不得见。

中国紫砂壶的制壶艺术源远流长，十款经典壶型犹如制壶历史长河中的璀璨明珠，它们不仅是历代紫砂工艺师们技艺与智慧的结晶，更是中国传统文化的生动写照。十大经典壶型各具魅力，仿古壶古朴典雅，供春壶古拙精致，掇球壶圆融和谐，提壁壶刚柔并济，鱼化龙壶寓意祥瑞，西施壶婉约秀丽，井栏壶庄重沉稳，报春壶生机盎然，风卷葵壶坚韧温柔，石瓢壶质朴有力，无不体现出我国悠久的紫砂文化和陶艺家们卓越的创造力。每一把紫砂壶都是一部微观的历史，一份执着的匠心，它们承载着千年的故事，散发着永恒的魅力。茶艺师和茶艺爱好者在品鉴和收藏紫砂壶的过程中，不仅能欣赏其形式之美，更能领略其背后的哲学思考与人生智慧。

明朝嘉靖年间到万历年间是紫砂壶发展的成熟时期，在这个时期先后出现了董翰、赵梁、元畅和时鹏四大家。随后又出现了时大彬、李仲芳和徐友泉三大家。特别是时大彬，他的紫砂壶风格高雅脱俗，造型流畅灵活，虽不追求工巧雕琢，但匠心独运，朴雅坚致，妙不可言。他的制壶方法一改早期的常规做法，首创了"打身筒"与"镶身筒"法，这两种方法到现在仍被沿用。打身筒法主要用于制作圆器，而镶身筒法则用于制作方器。这些方法的创新，使得紫砂壶的制作技艺得

到了显著的提升，使紫砂壶的制壶技艺上了一个台阶。

明末清初是紫砂壶的繁荣时期。从明朝末年到清朝的雍正乾隆年间，紫砂壶的制作工艺走向了顶峰，从原来的普通紫砂壶到壶上出现了装饰纹样和花样图案，以及不同的造型。紫砂壶的制作技巧变得更为精细，形象更为完善，结构也更为紧密。清初紫砂制壶名人有陈鸣远、惠孟臣。陈鸣远以生活中常见的栗子、核桃、花生、菱角、慈姑、荸荠、荷花、青蛙等造型入壶，工艺精雕细镂，善于堆花积泥，使紫砂壶的造型更加生动、形象、活泼，使传统的紫砂壶变成了有生命力的雕塑艺术品，充满了生机与活力。

同时，他还发明在壶底书款，壶盖内盖印的形式，到清代形成固定的工艺程序，对紫砂壶的发展产生了重大影响。

清代嘉庆道光年间，陈鸿寿和杨彭年是紫砂制壶名家代表。陈鸿寿，是清代中期的著名书画家、篆刻家，艺术主张创新，他倡导“诗文书画，不必十分到家”，但必须要见“天趣”。他把这一艺术主张，付诸紫砂陶艺。第一大贡献，是把诗文书画与紫砂壶陶艺结合起来，在壶上用竹刀题写诗文，雕刻绘画。第二大贡献是，他凭着天赋，随心所欲地即兴设计了诸多新奇款式的紫砂壶，为紫砂壶创新带来了勃勃生机。他与杨彭年的合作，堪称典范。

一直到现代，紫砂壶发展到了鼎盛时期。不论是紫砂壶的泥料质地还是工艺制作，都加入了现代元素，制成的紫砂壶更符合现代人的审美。近代的紫砂大师各自身怀绝技，制作与设计都各有专长。中华人民共和国成立后有七位老艺人，他们分别是：顾景舟、任淦庭、吴云根、朱可心、裴石民、王寅春、蒋蓉。其中顾景舟潜心紫砂陶艺六十余年，其陶艺技术炉火纯青，登峰造极，名传遐迩。

紫砂壶茶具还是一种文化的载体，承载着中国的诗词、书法和绘画等传统文化元素，具有深厚的文化底蕴。许多紫砂壶茶具上都刻有诗词书画等艺术作品，这些艺术作品与紫砂壶茶具融为一体，让人在品味茶香的同时，不仅看到中国古代文人墨客对生活情趣和审美的追求，也感受到中国传统文化的博大精深。

宜兴紫砂陶制作技艺在2006年被列入首批国家级非物质文化遗产代表性项目名录，这充分体现了其在传统工艺中的重要地位。

（四）坭兴陶茶具的发展历史

坭兴桂陶，又名坭兴陶，以广西钦州市钦江东西两岸特有的紫红陶土为原料。东泥软为肉，西泥硬为骨，经过特殊的处理和混合后，制成陶器坯料。坭兴陶是中国四大名陶之一，发展历史可以追溯到隋唐时期，兴盛于清朝咸丰年间，距今已有一千多年的历史。近代以来，随着茶文化的广泛宣传和引导，坭兴陶茶器得到了更广泛的认可和发展。

据钦州史志记载：我钦陶器，谅发明于唐以前，至唐而益精致。民国九年（公元1920年）城东七十里平心村农于山麓发现逍遥大冢，内藏宁道务陶碑一方，为高四尺余之巨制，旁附藏陶壶一个，此碑刻有唐开元二十年（公元732年）字样。可知我钦陶器历史由来已久。1939年夏，醴江处士林绳武对宁道务陶碑进行了考证："此志民纪九年出土，于钦江上游距城七十里之平心村，质为陶上，初出土时，异常松脆破为大小十块，村人任意分藏，无人辨别其朝代及人物。十七年武因总纂县志，遍搜金石，始发现为陶刻，既而汇集块片，合读首尾，始知为唐刻，且知为宁越郡（即现钦州市）第五世刺史宁道务墓志……吾国数千年志著录，未曾有千言以上之陶刻，此志乃达千六百余言……而道务乃中国第一陶刻也，今国人渐知钦县陶产，远迈宜兴……"

坭兴陶特定的陶土和独特的烧制技艺，使其陶艺造型极具民族特色。历代传人都具有较高的民族文化素养，善于从民族文化中汲取精华，运用高超的技艺，将民族文化元素，如民族风情、历史传说、民族服饰、民族头饰、图腾崇拜和民族的名胜古迹等运用于造型、装饰的创作中，使广西陶器更显古朴的神韵，突显坭兴陶的民族性、地域性、文化性。

坭兴陶土质奇特，在装饰艺术上采用传统雕塑技法，纯手工制作，工艺精美，器型变化多姿，具有极高的实用价值、观赏价值和收藏价值。近百年来多次参加国际和国家级展览会评比，并获大奖四十多项，其中1915年在美国旧金山获万国博览会金牌奖；1930年在比利时获世界陶艺展览会金质奖。产品远销东南亚、东欧、美洲等三十多个国家和地区，其历代珍品更为二十多个国家级博物馆所珍藏。

自清咸丰年间以来的一百多年，钦州坭兴陶技工、艺人人才辈出。车工前辈有颜非、颜六、黎昶昭等，刨工前辈有符春华、黄广益、李真愚等，雕工前辈有黎昶春、范念堂、李四达、黎启铨、潘镜光、李照允等，烧窑工有卢大、颜七、莫三等；在当代，有工艺美术设计大师李人鲆、陆景平，古典人物画家邓敦伟，中国书法家协会书法家兼雕刻家刘明洲、王兆儒、王茁，黎家造传承人黎武仪，中国画坛百杰画家帅立功，广西书法家协会书法家和雕刻家钟毅，坭兴陶设计师黄亚南，雕刻家黎昌权，制陶大师周长元，制陶拉坯专家梁遒龙，制陶拉坯技师黎仕清，陶艺设计师李燕，蝉翼雕创始人袁浩，青年陶艺雕刻家董焕俊等。

坭兴陶茶器以其独特的材质、精湛的工艺以及耐人寻味的文化魅力著称。坭兴陶茶器质地细腻光润，耐酸耐碱，无毒性，具有透气而不透水的天然双重孔结构，有利于茶叶的长时间储存，在泡茶的时候使茶不会失去原味。2008年，坭兴陶烧制技艺不仅被列入国家级非物质文化遗产名录，也被国家质量监督检验检疫总局批准为“中国地理标志保护产品”，进一步证明了其在传统工艺和文化价值上的重要地位。坭兴陶不仅是一件艺术品，更是一种生活方式的体现，因此深受收藏家和茶艺爱好者的喜爱。

二、实训任务书

实训任务一　辨识茶具材质

请根据茶具的不同材质，进行茶具分类，并归纳总结出该类别茶具的优缺点和适用的茶叶类型。

实训日期：　　年　　月　　日

茶具材质分类	优点	缺点	适用的茶叶类型

续表

实训心得：

说明：请根据实训要求，记录实训要点、相关概念和专有名词。

实训任务二　辨识茶具功能

请根据茶具的不同功能，进行茶具分类，并归纳总结出该类别茶具的优缺点和适用的茶叶类型。

实训日期：　　年　　月　　日

茶具功能分类	涵盖的器具	功能
实训心得：		

说明：请根据实训要求，记录实训要点、相关概念和专有名词。

实训任务三　名窑茶具

该实训任务供学生选择性完成。

请根据教材资料，并结合个人通过书籍或网络查找的文献资料，课后制作主题为“我国名窑茶具”的PPT，并于下次课进行讲解和演示。具体要求如下。

（1）展示我国名窑的名单；

（2）展示每个名窑的特点，该名窑所产茶具用于泡茶的优点以及名窑所产茶具图片。

三、实训内容

（一）辨识茶具材质

我国饮茶历史悠久，茶类丰富，发展到今天，也有相应丰富的茶具种类。茶具按其狭义的范围是指茶杯、茶壶、茶碗、茶盏、茶碟、茶盘等用具。中国的茶具，种类繁多，造型优美，除实用价值外，也有颇高的艺术价值，因而驰名中外，受到历代茶爱好者青睐。“美食不如美器”历来是中国人的器用之道，从粗放式羹饮发展到细啜慢品式饮用，足以见得中国饮茶历史悠久。不同的品饮方式，自然衍生了相应的茶具，茶具是茶文化历史发展长河中最重要的载体。

茶具分类有许多标准和方式，根据茶具的材质分类，通常可以分为玻璃茶具、瓷茶具、陶茶具、金属茶具、竹木茶具和漆茶具。

1. 玻璃茶具

玻璃，古人称之为流璃或琉璃，由于较为稀缺，曾被视为珍贵之物。近代，随着玻璃工业的崛起，玻璃茶具产量增加。

玻璃茶具的优点如下：一是质地透明，用于冲泡茶叶可直观欣赏茶叶舒展的姿态；二是容易清洗，味道不残留；三是造型丰富。但是玻璃茶具易破碎，比其他类别的茶具更烫手。

玻璃茶具导热快和高透明性的特点，适合用于冲泡绿茶和花茶等。

2. 瓷茶具

瓷茶具是我国茶具的主要器具之一。瓷茶具造型丰富，不仅是一种饮茶工具，更是一件艺术品。瓷茶具的种类众多，其中景德镇的茶具最为著名。

瓷茶具的优点是导热性相对较慢，釉面光洁有光泽且易清洗，能较好地反映出茶的色香味。

瓷茶具导热性相对较慢和有光泽的特点，适合冲泡任何一个类别的茶叶，从更细致和专业的角度来说，更适合冲泡轻发酵、重香气的茶类。

3. 陶茶具

陶茶具是我国茶具发展史中一种较传统的泡茶器具。陶茶具的制作历史悠久，造型多样。

陶茶具的优点是透气性和保温性能好，在夏天泡茶也不易变质。

陶茶具更适合冲泡发酵度相对较高或原材料较老的茶叶，比如青茶、红茶、黑茶和寿眉。从更细致和专业的角度来说，由于陶茶具的透气性会吸附茶香，所以在条件允许的情况下，一把陶壶尽量冲泡同一类别的茶叶。

4. 金属茶具

金属茶具主要指以金、银、铜、铁、锡等金属材料制作的茶具。

金属茶具具有导热性强、保温性好、耐用和防异味的优点。目前市场上的金属茶具主要制作为烧水壶、茶叶罐等。一般场合使用不锈钢烧水壶进行烧水，有些专业茶馆或茶文化爱好者会选用铁壶或银壶煮水。铁壶煮水的优点在于能够改善水质，释放微量铁离子，吸附水中的氯离子，使煮出来的水更适合泡茶；而银壶煮水能释放银离子，去除水中的杂味、杂质和细菌，提升品茗的体验。

金属茶具具有导热性强、保温性好的特点，适用于煮水，或煮老白茶和黑茶等。

5. 竹木茶具

竹木茶具主要选用竹子或木材为原料，通过车、雕、琢、削、编等传统工艺制成，具有独特的自然美感和文化韵味。

竹木茶具的优点是环保性高，且美观大方；但是竹木茶具的耐用性较差，不易于长期使用和保存，因此竹木茶具主要是竹木托盘、茶则、茶针和茶夹等，较

少有茶壶和茶杯用竹木制作，目前主要是云南地区的少数民族喜欢用竹子来制作茶壶和茶杯。

6. 漆茶具

漆器是采割天然漆树液汁进行炼制，掺进各种色料，经过专业的工序制作而成的绚丽夺目的器件。

漆茶具轻巧美观，色泽光亮，有很高的艺术性和观赏性；具有耐温、耐酸的优点。目前我国比较著名的漆茶有北京雕漆茶具，福建福州的脱胎漆茶具，江西鄱阳等地生产的脱胎漆茶具等。

（二）辨识茶具功能

泡茶的流程大体可分为烧水、取茶、冲泡和品饮。围绕这些核心流程，根据茶具在各流程中的功能作用，可大致将茶具分为煮水器、备茶器、泡茶器、盛汤器和其他辅助茶器。

1. 煮水器

煮水器包括热源和煮水壶两个部分。

在唐代陆羽的《茶经・四之器》中记载了煮茶时的用具——“鍑”，以生铁为之。但陆羽也说道：“洪州以瓷为之，莱州以石为之。瓷与石皆雅器也，性非坚实，难可持久。用银为之，至洁，但涉于侈丽。雅则雅矣，洁亦洁矣，若用之恒而卒归于银也。”由此可见，古人煮水壶的材质包括铁、瓷、石和银等。而煮水壶发展到现代，材质更为丰富，除了铁、瓷、石和银，还有玻璃、陶、竹木、不锈钢、铜、锡等。

在《茶经・五之煮》中记载“其火，用炭，次用劲薪”，大概意思是煮茶的燃料最好用木炭，其次是硬柴。由此可见古人对泡茶煮水的热源也是极其讲究的。到了现代，随着科技的发展，煮水的热源主要是电源，但也有茶文化爱好者出于雅兴和对热源的讲究，使用各种类型的炭作为热源。

2. 备茶器

备茶器包括了茶叶罐、赏茶荷、茶匙和茶则等。茶叶罐用于储存冲泡前的茶叶，赏茶荷用来盛放将要冲泡的干茶，茶匙和茶则用来取用干茶。

3. 泡茶器

茶壶是从古至今都很重要的泡茶器，目前茶壶选用材质较多的是瓷和陶。此外，泡茶器还有盖碗、直口玻璃杯等。其中，盖碗最为实用和操作方便。在古代和现代的一些地区，盖碗不仅可用于泡茶，也可以直接品饮。

4. 盛汤器

盛汤器，顾名思义就是盛放茶汤的器具，包括了公道杯和品茗杯。公道杯又称茶海或茶盅，用于盛放泡好的茶汤，目前最常选见的材质为玻璃或陶瓷。为了便于观赏茶汤，目前最常用的是玻璃公道杯。品茗杯用于盛放将要品饮的茶汤。

5. 其他辅助茶器

辅助茶器是一个相对的概念，主要是相对于前文中主要和常用的茶具而言，包括了茶盘、茶巾、茶夹、桌布和桌旗等。

课后习题

一、判断题（对的请打“√”，错的请打“×”。）

（　　）1. 不锈钢茶具外表光洁明亮，造型规整有现代感，具有传热慢，透气的特点。

（　　）2. 安溪乌龙茶品茶使用的茶具是紫砂杯。

（　　）3. 轻发酵及重发酵类乌龙茶，用紫砂壶杯具品饮更好。

（　　）4. 福建德化瓷器素有“薄如纸，白如玉，明如镜，声如磬”的美誉。

（　　）5. 广彩的特色是在瓷器上施金加彩，宛如千丝万缕的金丝彩线交织，显示金碧辉煌、雍容华贵的气度。

二、单项选择题（答案是唯一的，多选、错选不得分。）

1. 为体现君山银针上下沉浮的姿态，最佳冲泡茶具应选用（　　）。

A. 口大壁薄的盖碗　　B. 细长透明的玻璃杯

C. 密度高的朱泥壶　　D. 疏松透气的陶壶

2. 藏族喝茶有一定礼节，边喝边添，三杯后再将添满的茶汤一饮而尽，这表明（　　）。

A. 茶汤好喝　　B. 不再喝了　　C. 想继续喝　　D. 稍停再喝

3. 为壮族宾客服务时，注意斟茶（　　）。

A. 要斟满　　B. 只斟浅浅一点　　C. 不宜过满　　D. 要与杯口平齐

4. 黑瓷是施黑色高温釉的瓷器，釉料中氧化铁的含量在（　　）以上。

A. 2%　　B. 5%　　C. 8%　　D. 10%

5. 瓷器茶具敲击的声音，应（　　）。

A. 清脆悦耳　　B. 沉闷　　C. 低沉　　D. 声锐有回音

6. 白瓷茶具适宜衬托出红茶的（　　）。

A. 红亮汤色　　B. 醇厚滋味　　C. 甜香　　D. 红浓汤色

7. 陆羽泉水清味甘，陆羽以自凿泉水，烹自种之茶，在唐代被誉为（　　）。

A. 天下第一泉　　B. 天下第二泉　　C. 天下第三泉　　D. 天下第四泉

8. 陶器与瓷器的区别不在于（　　）。

A. 原料不同　　B. 上色不同　　C. 烧制温度不同　　D. 吸水率不同

9. 茶叶贮存的环境条件包括（　　）。

A. 高温、干燥、无氧气、不透明、无异味

B. 低温、潮湿、无氧气、不透明、无异味

C. 低温、干燥、无氧气、不透明、无异味

D. 低温、干燥、富氧气、不透明、无异味

10. 壶经久用反而光泽美观，是（　　）的优点之一。

A. 紫砂茶具　　B. 竹木茶具　　C. 金属茶具　　D. 玻璃茶具

11. 原始社会茶具的特点是（　　）。

A. 一器多用　　B. 石制　　C. 铁制　　D. 陶制

12. 浙江龙泉的（　　）以“造型古朴挺健、釉色翠青如玉”著称于世。

A. 秘色瓷　　B. 白瓷　　C. 青瓷　　D. 兔毫盏

13. 福建、广东地区，人们习惯小杯品啜乌龙茶，通常选用（　　）。

A. 盖瓷杯　　B. 白瓷杯　　C. 盖茶碗　　D. 烹茶四宝

14. 为了将茶叶冲泡好，在选择茶具时主要的参考因素是：看场合、（　　）、看茶叶。

A. 看喝茶人的心情　　B. 看喝茶人的身份

C. 看人数　　D. 看茶具的大小

15. “茶室四宝”是指（　　）。

A. 炉、壶、瓯杯、托盘　　B. 杯、盏、水壶、炭炉

C. 杯、盘、水盂、茶罐　　D. 壶、盏、托盘、茶匙

任务三

茶艺冲泡流程

案例导入

近日，一位朋友向茶艺师小王抱怨，自己在购物平台上购买的西湖龙井可能是假货，因为该款茶冲泡出来的茶汤苦涩味很重，不像商品链接上介绍的滋味鲜爽甘甜。小王让朋友现场冲泡了该款西湖龙井后，告知朋友，她冲泡西湖龙井的方法错了。

小王向朋友解释，西湖龙井是名优绿茶，且朋友购买的是特级春茶，茶叶细嫩，应使用80 ℃左右的热水，冲泡10～30秒就可以出汤了；而朋友直接用刚烧开的沸水冲泡，且在茶壶中闷泡了1分钟才出汤，水温太高，冲泡时间太长，所以泡出来的茶苦涩味重。小王最后告知朋友，在日常生活中，要想泡好一款茶，需要使用合适的水温和冲泡时间。

实训目标

1. 了解茶艺冲泡的茶具类别，掌握直口玻璃杯、盖碗和紫砂壶冲泡流程和手法；

2. 能根据茶品特点选择合适的冲泡器具并掌握冲泡流程。

知识导图

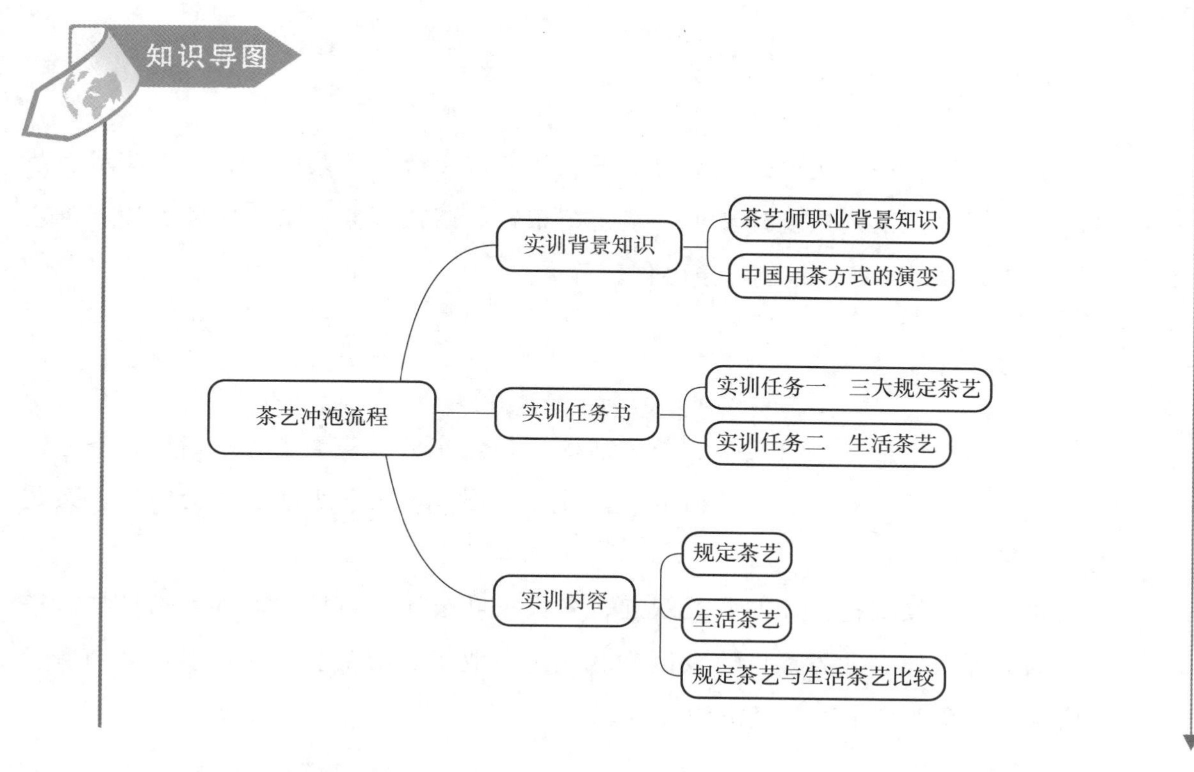

一、实训背景知识

（一）茶艺师职业背景知识

茶艺是一种文化。茶艺在中国优秀文化的基础上广泛吸收和借鉴了其他艺术形式，并扩展到文学、艺术等领域，形成了具有民族特色的中国茶文化。茶艺包括茶叶品评技法和艺术操作手段的鉴赏以及对品茗美好环境的领略。茶艺体现了形式和精神的相互统一，是饮茶活动过程中形成的文化现象。

茶艺师是茶叶行业中具有茶叶专业知识和茶艺表演、服务、管理技能等综合素质的专职技术人员。茶艺师培训已列入国家商业部职业教育培训课程之一。1999年国家劳动和社会保障部正式将茶艺师列入《中华人民共和国职业分类大典》1800种职业之一，并制定《茶艺师国家职业标准》。

茶艺师考试内容包括理论知识和技能操作。

1. 理论知识

理论知识包括职业道德、基础知识、礼仪、接待、茶艺准备、茶艺演示、茶事服务、销售、茶艺馆设计要求、茶艺馆布置、茶饮服务、茶叶保健服务、茶艺表演、茶会组织、茶艺编创、茶会创新等。

2. 技能操作

技能操作包括礼仪、接待、茶艺准备、茶艺演示、茶事服务、销售、茶艺馆设计要求、茶艺馆布置、茶饮服务、茶叶保健服务、茶艺表演、茶会组织、茶艺编创、茶会创新等。

如今中高级茶艺人才非常受欢迎，各大茶叶公司、茶楼、涉外宾馆把拥有茶艺师资格者看作企业发展的重要因素，受过专业培训的茶艺师往往能得到消费者的信赖，给企业带来直接经济效益。

（二）中国用茶方式的演变

在中国，茶的起源可以追溯到公元前两千年左右。最早的关于使用热水沏茶的记载出现在西汉时期，当时茶主要作为药品和祭品使用。到了唐代，茶叶的消费开始普及，并逐渐发展出独特的茶文化。茶艺，萌芽于唐，发扬于宋，改革于明，极盛于清，可谓有相当长的历史。最初是僧侣用茶来集中自己的思想，唐代赵州从谂禅师曾经以“吃茶去”来接引学人，后来才成为分享茶的仪式。饮茶的习俗在唐代得以普及，在清代达到鼎盛。此时，茶叶生产空前发展，饮茶之风极为盛行，不但王公贵族经常举行茶宴，皇帝也常以贡茶宴请群臣。在民间，茶也成为百姓生活中的必需品之一。不同朝代的泡茶方式大致可总结为“唐烹宋点明清泡”。

1. 唐代:煎茶

唐代陆羽在《茶经・六之饮》中记载:“饮有粗茶、散茶、末茶、饼茶者，乃斫、乃熬、乃炀、乃舂，贮于瓶缶之中，以汤沃焉，谓之痷茶。”原文的大致意思如下：茶有粗、散、末、饼四类，粗茶要切碎，散茶、末茶入釜炒熬、烤干，饼茶舂捣成茶末。将茶投入瓶缶中，灌以沸水浸泡，称为“痷茶”，“痷”义同“淹”，即用沸水淹泡茶。

以上就是陆羽关于煎茶法的记载，经过研究古籍和出土的唐代茶具，今人将煎茶法的主要程序归纳为备器、炙茶、碾罗、择水、取水、候汤、煎茶、酌茶、啜饮。煎茶法注重水质和对火候的控制，且对茶叶的选择和煎茶的器具也有一定的讲究。

2. 宋代：点茶

宋代泡茶方式由唐代煎茶发展为点茶。点茶法标志着茶文化的成熟与独立，也为中国茶道奠定了基础。

宋徽宗赵佶所著的关于茶的专论《大观茶论》共二十篇，对北宋时期蒸青团茶的产地、采制、烹试、品质、斗茶风尚等均有详细记述。其中《点茶》一篇，见解精辟，论述深刻。书中记载：点茶不一。而调膏继刻，以汤注之，手重筅轻，无粟文蟹眼者，调之静面点。盖击拂无力，茶不发立，水乳未浃，又复增汤，色泽不尽，英华沦散，茶无立作矣。有随汤击拂，手筅俱重，立文泛泛。谓之一发点、盖用汤已故，指腕不圆，粥面未凝。茶力已尽，云雾虽泛，水脚易生。妙于此者，量茶受汤，调如融胶。环注盏畔，勿使侵茶。势不欲猛，先须搅动茶膏，渐加击拂，手轻筅重，指绕腕旋，上下透彻，如酵蘖之起面。疏星皎月，灿然而生，则茶之根本立矣。第二汤自茶面注之，周回一线。急注急上，茶面不动，击拂既力，色泽渐开，珠玑磊落。三汤多置。如前击拂，渐贵轻匀，同环旋复，表里洞彻，粟文蟹眼，泛结杂起，茶之色十已得其六七。四汤尚啬。筅欲转稍宽而勿速，其清真华彩，既已焕发，云雾渐生。五汤乃可少纵，筅欲轻匀而透达。如发立未尽，则击以作之；发立已过，则拂以敛之。结浚霭，结凝雪。茶色尽矣。六汤以观立作，乳点勃结则以筅著，居缓绕拂动而已，七汤以分轻清重浊，相稀稠得中，可欲则止。乳雾汹涌，溢盏而起，周回旋而不动，谓之咬盏。宜匀其轻清浮合者饮之，《桐君录》曰，“茗有饽，饮之宜人”，虽多不为过也。

上文关于点茶的详尽描述，让我们了解到宋代点茶的流程步骤和点茶技巧要

领，也为我们认识宋代茶道留下了珍贵的文献资料。

3. 明清：沏茶

十六世纪末的明朝后期，张源著《茶录》，书中有藏茶、火候、汤辨、泡法、投茶、饮茶、品泉、贮水、茶具、茶道等篇；许次纾著《茶疏》，书中有择水、贮水、舀水、煮水器、火候、烹点、汤候、瓯注、荡涤、饮啜、论客、茶所、洗茶、饮时、宜辍、不宜用、不宜近、良友、出游、权宜、宜节等篇。《茶录》和《茶疏》，共同奠定了泡茶道的基础。十七世纪初，程用宾撰写《茶录》，罗廪撰写《茶解》。十七世纪中期，冯可宾撰写《岕茶笺》。十七世纪后期，冒襄撰写《岕茶汇抄》。这些关于茶的著作进一步补充、发展、完善了泡茶道。

由此可见，明清时期，人们开始采用沏茶的方式泡茶。就是将茶叶放入壶中或茶盏中，注入热水，静置片刻后倒出。这种泡茶方式更加简单方便，逐渐成为主流。

4. 现代泡茶方式

现代泡茶方式种类繁多，可以根据不同茶叶的种类，选择适宜的泡茶方式。如绿茶、黄茶和白茶一般选用玻璃或瓷材质的器具；红茶、青茶和黑茶则选用盖碗、紫砂壶或瓷壶；黑茶选用盖碗或紫砂壶等。根据国家级技能大师周智修介绍，现代泡茶将茶、水、器三者作为基础因素，技术因素、操作因素、专注程度三者作为可调控因素。

技术因素包含：（1）水温，影响内涵物质溶解速度和香气的挥发。对香气成分来说，水温较高时香气成分挥发较快。（2）茶量，即茶水比，影响茶汤浓度。茶叶太少，浓度太低；茶叶太多，浓度太高。（3）浸泡时间，不仅影响茶汤的浓度，也会影响茶汤口感，比如发苦、发酸等。

操作中影响的因素较多，主要需注意的是冲泡注水的影响。

专注程度包含：（1）心态：放松、心无杂念、娴熟、内心平静；（2）姿态：正身、沉肩、坠肘、稳重、舒适。

二、实训任务书

实训任务一　三大规定茶艺

实训日期：　　年　　月　　日

项目	适合茶品	所需器具	茶具摆放示意图	冲泡流程
直口玻璃杯冲泡				
盖碗冲泡				
紫砂壶冲泡				

实训心得：

说明：请根据实训要求，记录实训要点、相关概念和专有名词。

实训任务二　生活茶艺

实训日期：　　年　　月　　日

项目	适合茶品	所需器具	茶具摆放示意图	冲泡流程
盖碗				
壶				

实训心得：

说明：请根据实训要求，记录实训要点、相关概念和专有名词。

三、实训内容

（一）规定茶艺

茶叶冲泡是茶艺师的基本技能，可分为生活冲泡和带有演示或表演性的冲泡。在我国各类茶艺比赛中，其中有一个重要的模块——规定茶艺。该模块是具有一定表演性的茶艺冲泡展示，要求参赛选手在进行规定茶艺演示的时候，在中国茶道精神指导下，以泡好一杯茶汤、呈现茶艺之美为目的，统一茶样、统一器具、统一基本流程，动态地演示泡茶过程。为了达到规范、公平和统一性，规定茶艺竞赛采用抽取规定茶叶，使用规定器具，按照规定流程进行茶叶冲泡的方式。规定茶艺中所使用的茶叶和器具均由组委会统一提供。

规定茶艺要求冲泡者通过现场辨识茶、择水、选器，对冲泡的水温、茶水比、浸泡时间等参数进行合理科学的调控，充分展示茶的色、香、味等性状，强调茶汤质量和泡茶过程的完美结合，充分体现冲泡者的茶叶冲泡技艺与审美的高度结合。规定茶艺考查的是冲泡者的基本功，具体包括以下几点能力：

（1）能按规定要求正确选择茶叶，正确准备冲泡器具；

（2）能根据所选取的不同茶类确定科学合理的冲泡水温、茶水比；

（3）能根据茶类特性选择直口玻璃杯、盖碗、紫砂壶等不同器具冲泡茶叶，手法流畅娴熟；

（4）在规定时间内，所泡茶汤的色、香、味具备该茶类品质特征。

规定茶艺通常指定为绿茶直口玻璃杯泡法、红茶瓷盖碗泡法、乌龙茶紫砂壶双杯（品茗杯、闻香杯）泡法这三套基础茶艺。选手备具、备水时间一般为5～10分钟，演示时间为6～10分钟，一般不要求选手在演示过程进行解说。

1. 绿茶规定茶艺冲泡要点

(1) 绿茶规定茶艺基本演示步骤。

备具—端盘上场—布具—温杯—置茶—浸润泡—摇香—冲泡—奉茶—收具—端盘退场。

(2) 绿茶规定茶艺冲泡要点。

茶水比——1∶50。

水温——一般70℃~90℃，具体需根据现场冲泡的茶叶的级别调控水温，如果茶叶嫩度较高，水温适当降低；如果茶叶较粗老，水温适当调高。

冲泡时间——绿茶一般需要浸泡2~3分钟，内涵物质浸出才达到较好的效果。在规定茶艺中，冲泡者在台上分两次注水，从浸润泡开始计算时间，到选手冲泡完毕并奉茶给台前的评委，时间一般在2~3分钟。

(3) 绿茶规定茶艺器具。

绿茶规定茶艺器具如表3-1所示。

表3-1　绿茶规定茶艺器具

器具名称	数量(个)	质地	规格
玻璃杯	3	玻璃	直径7 cm,高8 cm,容量220 ml
玻璃杯托	3	玻璃	直径11.5 cm,高2 cm
茶叶罐	1	玻璃	直径7.5 cm,高14 cm
水壶	1	玻璃	直径15 cm,高16 cm,容量1400 ml
茶荷	1	竹制	长16.5 cm,宽5 cm
茶匙	1	竹制	长18 cm
茶巾	1	棉质	长27 cm,宽27 cm
水盂	1	玻璃	直径14 cm,高6 cm,容量600 ml
茶盘	1	木质	长50 cm,宽30 cm,高3 cm

2.红茶规定茶艺冲泡要点

(1)红茶规定茶艺基本演示步骤。

备具—端盘上场—布具—温盖碗—置茶—冲泡—温盅及品茗杯—分茶—奉茶—收具—端盘退场。

(2)红茶规定茶艺冲泡要点。

茶水比——1∶50。

水温——一般80 ℃~100 ℃,具体需根据现场冲泡茶叶的级别和类别调控水温,如果茶叶嫩度较高或较细,水温适当降低,比如小叶种的祁门红茶,茶叶细嫩,水温可调控在85 ℃左右;如果茶叶较粗大,水温适当调高,比如一芽两叶的滇红,水温可调控在95 ℃左右。

冲泡时间——在规定茶艺的现场,将第一泡茶汤奉给评委,红茶第一泡的浸泡时间大约为60秒出汤。

(3)红茶规定茶艺器具。

红茶规定茶艺器具如表3-2所示。

表3-2 红茶规定茶艺器具

器具名称	数量(个)	质地	规格
盖碗	1	瓷质	高5.5 cm,直径10 cm,容量150 ml
公道杯	1	瓷质	直径6 cm,高7 cm,容量150 ml
品茗杯	3	瓷质	直径7 cm,高4 cm,容量70 ml
杯托	3	木质	直径8 cm
茶叶罐	1	竹制	直径5.5 cm,高7 cm
水壶	1	陶质	高12 cm,直径8 cm,容量500 ml
茶荷	1	竹制	长11 cm,宽5 cm
茶匙	1	竹制	长18 cm

续表

器具名称	数量(个)	质地	规格
茶巾	1	棉质	长 27 cm，宽 27 cm
水盂	1	瓷质	直径 12 cm，高 8 cm，容量 400 ml
茶盘	1	木质	长 50 cm，宽 30 cm，高 3 cm

3. 乌龙茶规定茶艺冲泡要点

（1）乌龙茶规定茶艺基本演示步骤。

备具—端盘上场—布具—温壶—置茶—冲泡—温品茗杯及闻香杯—分茶—奉茶—收具—端盘退场。

（2）乌龙茶规定茶艺冲泡要点。

茶水比——1∶30。

水温——一般 90 ℃～100 ℃，具体需根据现场冲泡的茶叶的级别和类别调控水温。例如乌龙茶的规定茶艺中所选取的茶叶通常为安溪铁观音，外形属于颗粒状，且卷曲紧结，故可选取较高的水温，利于茶叶内涵物质的浸出。

冲泡时间——在规定茶艺的现场，将第一泡茶汤奉给评委，第一泡的浸泡时间为 30～45 秒出汤。

（3）乌龙茶规定茶艺器具。

乌龙茶规定茶艺器具如表 3-3 所示。

表 3-3　乌龙茶规定茶艺器具

器具名称	数量(个)	质地	规格
紫砂壶	1	陶质	直径 8 cm，高 8 cm，容量 160 ml
闻香杯	5	陶质	容量 20 ml
品茗杯	5	陶质	容量 25 ml
杯托	5	陶质	长 10.5 cm，宽 5.5 cm，厚 0.8 cm
茶叶罐	1	竹制	直径 7.5 cm，高 10 cm

续表

器具名称	数量(个)	质地	规格
水壶	1	银质	直径 14 cm,高 12 cm,容量 1200 ml
茶荷	1	竹制	长 11 cm,宽 5 cm
茶匙	1	竹制	长 18 cm
茶巾	1	棉质	长 27 cm,宽 27 cm
双层茶盘	1	竹制	长 45 cm,宽 28 cm,高 7 cm
奉茶盘	1	木质	长 28 cm,宽 9 cm,高 3 cm

（二）生活茶艺

生活茶艺是指冲泡者在日常生活中，遵循一定的礼仪规范，运用冲泡的技术和技巧，进行茶叶冲泡和品饮的艺术。

在近几年的各类茶艺比赛中，一些较高规格或较专业的茶艺比赛，会设置“茶汤质量比拼”项目，该项目就是模拟生活场景，由评委扮演品饮者，由选手用同一款茶叶冲泡三次，由评委品饮并进行打分。“茶汤质量比拼”项目，以冲泡出高质量的茶汤为目的，其实就是考核冲泡者生活茶艺水平。

与规定茶艺相比，生活茶艺更侧重茶艺冲泡操作在日常生活中的运用，生活茶艺以规范性为基础，更注重实用性，并兼顾审美性。因此生活茶艺中，冲泡者应尽量亲切自然，茶具的选用和茶席的布置尽量做到简洁大方实用，冲泡流程科学合理，以展现一杯美好的茶汤为目的。

在生活茶艺中，主要选用盖碗或壶作为主泡器具，其余器具与规定茶艺基本一致，主要还是根据生活场景的实际去选用茶具。

1. 生活茶艺主要步骤

生活茶艺与规定茶艺在冲泡流程上相对是一致的，生活茶艺更简洁一些，主要操作步骤如下：

温器—置茶—温润泡—冲泡—出汤—分茶—奉茶—品饮—第二次冲泡—出汤—品饮。

在此要特别说明，生活茶艺在比赛中只冲泡三次，但是在实际生活中，则根据茶叶特质和待客情况需要，可冲泡多次。

2. 生活茶艺冲泡要点

茶水比——1∶20～1∶50。在生活茶艺中，根据茶类、主泡器和品饮者的口味浓淡等因素，茶水比可做出灵活调控。一般情况下，可将茶水比调控在1∶30左右。

水温——70 ℃～100 ℃。具体需根据现场冲泡的茶叶的级别和类别调控水温。发酵度高、采摘原材料较粗老的茶叶，水温一般较高；发酵度低、采摘原材料细嫩的茶叶，水温较低。

冲泡时间——15秒～2分钟。在生活茶艺中，由于冲泡次数较多，为了达到每泡茶汤浓淡相对接近，需要冲泡者灵活调控每一泡的冲泡时间。冲泡时间的规律如下：第一泡时间一般控制在1分钟以内；第二泡，茶叶已经较为舒展，内涵物质浸出较快，故第二泡时间一般比第一泡时间缩短一半左右；由于前两泡之后，内涵物质浸出较多，为了达到茶汤的浓淡合适，故第三泡的时间比第二泡的时间适当延长，一般情况下，第三泡的冲泡时间与第一泡的时间较为接近；前三泡之后，从第四泡开始，时间逐渐延长，每泡的时间可比上一泡适当延长5～30秒。以上只是通常的规律，但是也会因某些茶品的特性和品饮者的口味要求，对冲泡时间进行灵活调整，这就很考验冲泡者在生活茶艺冲泡中的灵活性。

3. 生活茶艺茶具

生活茶艺茶具与规定茶艺茶具基本一致，但是需要根据生活场景而定。应考量的因素包括品饮人数、茶桌设计、茶具等，生活茶艺与规定茶艺一样，核心依然是符合礼仪、规范、实用、简洁大方。

（三）规定茶艺与生活茶艺比较

规定茶艺和生活茶艺在冲泡要点的对比上也有许多不同之处，如表3-4所示。

表3-4　规定茶艺和生活茶艺冲泡要点对比

冲泡要点	规定茶艺	生活茶艺
冲泡时间	长	短
投茶量	稍少	稍多
冲泡次数	一次	多次

由上表可知，规定茶艺与生活茶艺冲泡有以下几个方面的区别。

1. 冲泡时间

由于规定茶艺带有展示性和表演性，故规定茶艺的冲泡时间会比生活茶艺长一些。

2. 投茶量

投茶量与冲泡时间有逻辑关系，由于规定茶艺的冲泡时间长，为了达到茶汤浓淡适宜，故规定茶艺的投茶量要比生活茶艺的投茶量少一些。

3. 冲泡次数

由于规定茶艺带有展示性和表演性，故冲泡者在表演规定茶艺项目时，在台上只冲泡一次；而生活茶艺比赛时要冲泡三次，在日常生活中则根据茶叶特质和待客情况需要，冲泡多次。

课后习题

一、判断题（对的请打“√”，错的请打“×”。）

（　　）1.茶兴于中唐，唐中期以后，饮茶活动达到空前规模。

（　　）2.判断好茶的客观标准主要从茶叶外形的匀整、色泽、香气、净度来看。

（　　）3.陆羽《茶经》中写道：“其水，用山水上，江水中，井水下。其山水，拣乳泉、石池漫流者上。”

（　　）4.为营造轻松氛围，茶艺服务中，应尽可能多与顾客聊天，空闲时服务人员之间也可聊天。

（　　）5.茶艺师可以用关切的询问、征求的口气、亲切的问话和简洁的回答来加深与宾客的交流，有效地提高茶艺馆的服务质量。

二、单项选择题（答案是唯一的，多选、错选不得分。）

1.为维吾尔族宾客服务时，尽量当宾客的面冲洗杯子，端茶时不要用（　　）。

A.右手　　B.左手　　C.单手　　D.双手

2.95 ℃以上的水温适宜冲泡（　　）。

A.玉绿茶　　B.普洱茶　　C.碧螺春　　D.龙井茶

3.（　　）井水，水质较差，不适宜泡茶。

A.柳毅井　　B.文君井　　C.城内井　　D.薛涛井

4.90 ℃左右的水温比较适宜冲泡（　　）。

A.红茶　　B.龙井茶　　C.乌龙茶　　D.普洱茶

5.通常泡茶用水的总硬度不超过（　　）。

A.50 mg/L　　B.100 mg/L　　C.150 mg/L　　D.250 mg/L

6. 泡茶讲究择水，凡是含有较多（　　）的水，称为硬水。

A. 钙、镁离子　　B. 氢氧根

C. 钾　　D. 碳酸氢根

7. 泉水泡茶，能提升茶的品质。“山后涓涓涌圣泉，盈虚消长景堪传”一句是对（　　）泉水景观的赞美。

A. 玉泉　　B. 鱼泉　　C. 石泉　　D. 圣泉

8. 茶艺师在工作时不可能总有人看着，因此对茶艺师的品质要求中强调了（　　）。

A. 慎独　　B. 自觉　　C. 自律　　D. 自重

9. 红茶、绿茶、乌龙茶的香气主要特点是（　　）。

A. 红茶清香，绿茶甜香，乌龙茶浓香

B. 红茶甜香，绿茶花香，乌龙茶熟香

C. 红茶浓香，绿茶清香，乌龙茶甜香

D. 红茶甜香，绿茶清香，乌龙茶浓香

10. 茶叶中的药理成分与人体健康关系密切，主要有以下几类：（　　）、咖啡碱、维生素类、矿物质、氨基酸。

A. 蛋白质　　B. 茶多酚　　C. 脂肪　　D. 膳食纤维

11. 紫砂壶历史上第一个留下名字的壶艺家是（　　）。

A. 供春　　B. 惠孟臣　　C. 陈曼生　　D. 时大彬

12. 饮茶爱好者爱饮较浓的茶，茶水比（　　）。

A. 可大　　B. 要小　　C. 适中　　D. 适当

13. 品饮（　　）时，茶水比以1：50为宜。

A. 铁观音　　B. 青茶　　C. 凤凰水仙　　D. 绿茶

14. 钻研业务、精益求精具体体现在茶艺师不但要主动、热情、耐心、周到地接待品茶客人，而且必须（　　）。

A. 熟练掌握不同茶品的沏泡方法

B. 专门掌握本地茶品的沏泡方法

C. 专门掌握茶艺表演方法

D. 掌握保健茶或药用茶的沏泡方法

15. 物、器、环境是（　　）的三大要素。

A. 泡茶　　B. 喝茶　　C. 茶室布置　　D. 茶艺

任务四

绿茶

案例导入

近日，一位朋友问茶艺师小王，铁观音干茶绿、茶汤绿、叶底绿，这些品质特征是不是可以判断铁观音是绿茶?

小王告知朋友，铁观音是乌龙茶。他向朋友解释，虽然绿茶具有干茶绿、茶汤绿、叶底绿的“三绿”特点，但这“三绿”并不是判断绿茶的科学标准。一款茶是否为绿茶，应该根据其加工工艺和品质特征去判断。绿茶的核心加工工艺是杀青、揉捻、干燥，而铁观音的加工工艺是萎凋、做青、杀青、揉捻、干燥，工艺上有很大区别。朋友之所以判断错误，是因为目前市面上的铁观音，发酵度相对较低，所以误认为如此“清爽”的铁观音是绿茶。

实训目标

1.了解绿茶加工程序，掌握绿茶分类标准，能辨识常见绿茶和典型名优绿茶;

2.能根据实际场合的需求和绿茶茶品特点，选择合适的器具，掌握茶水比、水温和冲泡时间，并完成冲泡。

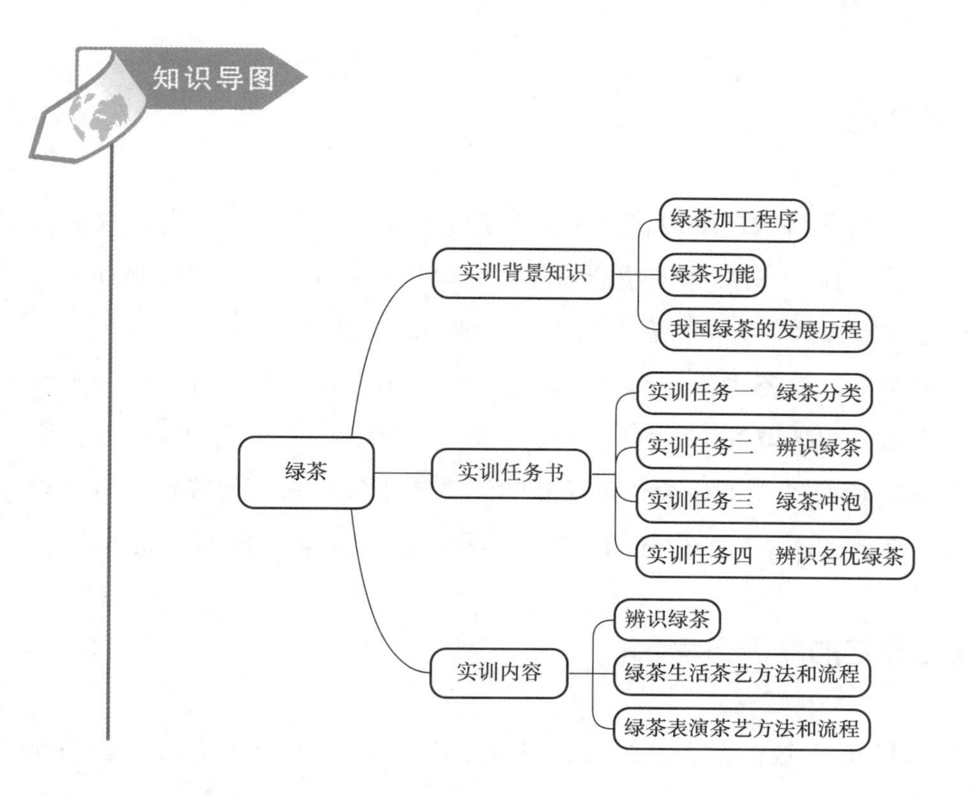

一、实训背景知识

（一）绿茶加工程序

全国各地的绿茶加工方式会有一定的差异，但是主要的加工程序可归纳为以下核心步骤：杀青—揉捻（或不揉捻）—干燥。

绿茶的杀青步骤是用高温破坏和钝化鲜叶中的氧化酶活性，抑制鲜叶中的茶多酚等的酶促氧化，并蒸发鲜叶部分水分，使茶叶变软，便于揉捻成形，同时散发青臭味，促进绿茶良好香气的形成。这也就是绿茶通常具有鲜爽滋味的原因。

揉捻步骤其实也是做形工序，为绿茶成品茶的外形美观奠定基础，大部分绿茶的外形特点是在揉捻这一步完成的。

干燥步骤一方面是为了蒸发水分，便于保存；另一方面也是为了形成并固定绿茶所特有的色、香、味、形。

（二）绿茶功能

无论古典的药用典籍，还是现代关于营养养生的书籍，对绿茶的茶性描述多为“性微寒，味苦、甘。”对绿茶的功能描述多为绿茶具有收敛、利尿、提神的功效，可用于治疗神疲多眠、头痛目昏、烦渴、小便不利、酒毒等病症。

绿茶是不发酵茶，其不发酵的特性决定了它较多地保留了茶叶鲜叶内的天然物质。其中茶多酚、咖啡碱保留了鲜叶的85%以上，叶绿素保留了50%左右，维生素损失也较少，从而形成了绿茶“清汤绿叶，滋味收敛性强”的特点。绿茶对防衰老、防癌、抗癌、杀菌、消炎等均有特殊作用，这是发酵类茶所不及的。

（三）我国绿茶的发展历程

绿茶是我国历史最悠久，名品最多的茶类，其发展历程大致可以归纳为如表4-1所示的四个阶段。

表4-1　我国绿茶的发展历程

阶段	简介
起源时期	关于绿茶起源的传说有很多，其中最有名的是“神农尝百草”传说。相传远古时期，神农氏尝试各种植物，发现了茶树并开始饮用，这一传说被认为是人类首次发现和使用茶叶
唐宋时期	唐代是我国绿茶发展的关键时期。当时出现了著名的“焙青法”，通过将新鲜采摘下来的嫩叶置于高温下进行处理，使得茶叶保持了自然鲜活的颜色和香气
明清时期	明清时期是我国绿茶大发展时期。明朝的龙井茶和清朝的碧螺春茶等名优绿茶品种逐渐出现，并享有盛誉
现代发展	随着科学技术的进步和茶叶产业的发展，绿茶的加工技术得到了进一步的改良和提升。现代生产工艺使得绿茶更具多样性和创新性，市面上涌现出了许多新品种和新口味

绿茶作为中国最古老的茶类之一，历史悠久，在传承传统文化中起到了重要作用。我国民间也有许多关于绿茶的文化传说，虽然很多传说并没有写入正史，

但也从侧面表明了我国绿茶丰富的文化底蕴，绿茶的文化典故如表4-2所示。

表4-2　绿茶的文化典故

茶品	文化典故
西湖龙井	传说乾隆皇帝下江南，在杭州狮峰山看见几个乡女在十多棵茶树前采茶，于是他也学着采了起来。刚采了一把，忽然太监来报："太后有病，请皇上急速回京。"乾隆随手将一把茶叶向袋内一放，便赶回京城。其实太后只因山珍海味吃多，导致肝火上升，双眼红肿，胃里不适，并没有大病。见皇儿来到，又觉一股清香传来，便问带来了什么好东西，皇帝才发现是那把茶叶，几天过后已经干了，并散发出浓郁香气。太后想尝尝，于是让宫女将茶泡好。喝完茶后，太后发现双眼的红肿消了，胃也不胀了，她赞赏道："杭州龙井的茶叶，真是灵丹妙药。"乾隆见太后高兴，立即传令下去，将杭州龙井狮峰山下胡公庙前那十八棵茶树所产的茶叶封为御茶，每年采摘新茶，专门进贡太后
洞庭碧螺春	碧螺春茶已有一千多年历史。民间最早叫"洞庭茶"，又叫"吓煞人香"。相传有一尼姑上山游春，顺手摘了几片茶叶，泡茶后奇香扑鼻，脱口而道"香得吓煞人"，由此当地人便将此茶叫"吓煞人香"。到了清代康熙年间，康熙皇帝视察并品尝了这种汤色碧绿、卷曲如螺的名茶，倍加赞赏，但觉得"吓煞人香"其名不雅，于是题名"碧螺春"，并将此茶指定为贡茶
黄山毛峰	明朝天启年间，江南黟县新任官熊开元带书童来黄山春游时迷了路，遇到一位腰挎竹篓的老和尚，便借宿于寺院中。长老泡茶敬客时，知县细看这茶叶色微黄，形似雀舌，身披白毫，开水冲泡下去，只见热气绕碗边转了一圈，转到碗中心就直线升腾，约有一尺高，然后在空中旋转，化成一朵白莲花，那白莲花又慢慢上升化成一团云雾，最后散成一缕缕热气飘荡开来，清香满室。知县问后方知此茶名叫"黄山毛峰"
太平猴魁	古时一位山民采茶，忽然闻到一股沁人心脾的清香。他看看四周，什么也没有，再细细寻觅，才发现原来在突兀峻岭的石缝间长着几丛嫩绿的野茶。由于无藤可攀，无路可循，他只得怏怏离去。但他始终忘不了那嫩叶和清香。后来，他训练了几只猴子，每到采茶季节，他就给猴子套上布套，让它代人去攀岩采摘。人们品尝了这种茶叶后称其为"茶中之魁"，因为这种茶叶是猴子采来的，后人便干脆给取名为"猴魁"

二、实训任务书

实训任务一　绿茶分类

实训日期：　　　年　　月　　日

分类依据	分类	每个类别的名优绿茶(需注明具体产地)
根据绿茶杀青和干燥方式的不同进行分类		
根据绿茶干茶外形的特点进行分类		

实训心得：

说明：请根据实训要求，记录实训要点、相关概念和专有名词。

实训任务二　辨识绿茶

根据课堂提供的茶样，完成以下实训表格。

实训日期：　　　年　　月　　日

茶样	所属绿茶类别	品名(需注明具体产地)

实训心得：

说明：请根据实训要求，记录实训要点、相关概念和专有名词。

实训任务三　绿茶冲泡

实训日期：　　年　　月　　日

实训流程	需要准备的茶具	冲泡流程	冲泡技巧（如投茶量、冲泡时间、水温）
绿茶生活冲泡			
绿茶表演冲泡			
实训心得：			

说明：请根据实训要求，记录实训要点、相关概念和专有名词。

实训任务四　辨识名优绿茶

该实训任务供学生选择性完成。

请根据教材资料，并结合个人通过书籍或网络查找的文献资料，课后制作主题为“我国名优绿茶”的PPT，并于下次课进行讲解和演示。具体要求如下：

（1）我国名优绿茶的名单（5~10款即可）；

（2）每款名优绿茶的产地、历史、特点、图片；

（3）每款名优绿茶的外形、汤色、香气、滋味等特点。

三、实训内容

（一）辨识绿茶

绿茶是中国历史上出现最早的茶类，有着悠久的生产历史。绿茶香高味长、品质优异，造型独特，具有较高的艺术欣赏价值。我国绿茶发展历史悠久，是国内产量最高的茶类，也是品种最丰富、名茶最多的茶类，极具经济价值。要能快速准确辨识绿茶，需要先了解我国绿茶分类标准，掌握该类别茶叶的共性，再掌握同类别下各地茶叶的特性。我国绿茶常见分类方法有两种：一是根据绿茶杀青和干燥方式的不同进行分类；二是根据绿茶干茶外形的特点进行分类。

1. 根据绿茶杀青和干燥方式分类

绿茶是历史最悠久的茶类。古代人类采集野生茶树芽叶晒干收藏，可以看作是广义上绿茶加工的开始，距今至少有三千多年。但真正意义上的绿茶加工，是从公元八世纪发明蒸青制法开始的，经过反复的实践，唐代出现了完善的蒸青法，后传入日本，并被许多国家采用。明代时期，发明了炒青茶制造绿茶。到十二世纪又发明炒青制法，绿茶加工技术更加成熟。这种制法一直沿用至今，还在不断完善。

绿茶的加工流程主要包括杀青、揉捻（或不揉捻）和干燥三个步骤，其中关键在于杀青。采摘回来的鲜叶通过杀青，酶的活性被钝化，内含的各种化学成分，基本上是在没有酶影响的条件下，由热力作用产生物理化学变化，从而形成了绿茶的品质特征。根据绿茶杀青和干燥方式的不同，分为晒青、炒青、烘青和蒸青，如表4-3所示。

表4-3 根据绿茶杀青和干燥方式分类

类别	工序说明	茶品特点	常见茶品
晒青	在干燥环节，以晒干为主要干燥方法	外形条索粗壮；色泽深绿；汤色黄绿；香气呈现特有的日晒味；滋味浓爽；耐泡	滇青
炒青	在干燥环节，以炒干为主要干燥方法，在炒干的过程中常会加入做形工序，根据做形不同可分为长炒青、圆炒青和扁炒青	外形条索紧结，锋苗秀丽；色泽灰绿稍偏黄；汤色黄绿；香气浓郁，高扬持久；滋味鲜爽	长炒青：南京雨花茶、庐山云雾茶、信阳毛尖 圆炒青：羊岩勾青 扁炒青：西湖龙井

续表

类别	工序说明	茶品特点	常见茶品
烘青	在干燥环节，以烘干为主要干燥方法，在烘干过程中不再施加外力，保留茶叶自然舒展的外形	外形条索细紧；色泽绿润（干茶色泽一般比炒青更深一些）；汤色绿亮；香气嫩香或清香居多（香气一般不及炒青浓郁）；滋味鲜醇。花茶的茶胚常选用烘青绿茶	黄山毛峰、太平猴魁、六安瓜片、安吉白茶
蒸青	在杀青环节，采用蒸汽杀青的方式。我国早在唐代采用的就是这一杀青方式，这是我国最古老的杀青方式	外形呈条状；色泽翠绿；汤色鲜绿；香气清爽（带特殊海苔香）；滋味醇爽	恩施玉露

2. 根据绿茶茶叶外形特点分类

绿茶是我国六大茶类中历史最悠久的茶类，在其发展历程中，全国各地的制茶师傅，结合茶青特色、地方特色和工艺特色制作出形态各异的绿茶。纵观绿茶发展史，名优绿茶通常都具有独特的外形，因此有极高的辨识度。绿茶的外形可分为以下几种：扁平形、卷曲形、兰花形、针形、颗粒形、束压形及其他形，如表4-4所示。

表4-4　按绿茶茶叶外形特点分类

类别	特点	常见茶品
扁平形	外形扁平光滑挺直	西湖龙井、千岛玉叶
卷曲形	外形因揉捻做形的特定制法卷曲，呈纤细、紧结等特点	碧螺春、都匀毛尖、蒙顶甘露
兰花形	外形舒展自然，弯曲自如；色泽翠绿	黄山毛峰、安吉白茶
针形	外形紧直似针	南京雨花茶、信阳毛尖
颗粒形	外形从盘曲到圆结；色泽从绿润到墨绿	羊岩勾青、绿宝石、龙珠
束压形	外形以菊花形、小球形、耳环形居多	黄山绿牡丹、龙须茶、银球茶、女儿环
其他形	外形表现各有特色	太平猴魁、六安瓜片

（二）绿茶生活茶艺方法和流程

在日常生活中，无论是在工作场合，还是家中，冲泡绿茶都是待客最常见的方式。根据绿茶的发酵度和嫩度，绿茶可用杯、壶、碗进行冲泡，材质可选用玻璃、陶瓷等。

冲泡方法：盖碗冲泡法。

冲泡流程：温器—置茶—温润泡—冲泡—出汤—分茶—奉茶—品饮—第二次冲泡。

茶水比——1∶30～1∶50。在生活茶艺中，根据茶类、主泡器和品饮者的口味浓淡等因素，茶水比可做出灵活调控。如果品饮者对茶汤浓度接受度较高，可选用1∶30的茶水比，如果品饮者口味较清淡，可选用1∶50的茶水比。

水温——70 ℃～90 ℃。具体需根据现场冲泡的茶叶级别和类别调控水温。采摘原材料较粗老的绿茶，水温可适当调高，用85 ℃～90 ℃的水温；采摘原材料细嫩的绿茶，比如特级茶芽和较细嫩的一级绿茶，水温可调低，选用70 ℃～75 ℃的水温；一般的一级和二级绿茶，选用80 ℃左右的水温即可。

冲泡时间——15秒～1分钟，具体时间如表4-5所示。

表4-5　绿茶生活冲泡时间

次数	参考时间
第一泡	30～60秒(从温润泡开始计算时间)
第二泡	15～30秒
第三泡	30～40秒
第四泡以后	每增加一泡,时间递增15秒左右

以上只是通常的规律，有时也会因某些绿茶茶品的特性和品饮者的特殊口味要求，对冲泡时间进行灵活调整。

（三）绿茶表演茶艺方法和流程

因名优绿茶外形秀美，芽叶成朵，具有观赏性，故绿茶表演的冲泡方法常选用三个透明的直口玻璃杯进行冲泡，这样便可充分欣赏茶叶在杯中自然舒展的状态。在各类茶艺比赛中，直口玻璃杯冲泡绿茶是规定茶艺之一。

冲泡方法：直口玻璃杯冲泡法。

冲泡流程：上场—放盘—行礼—入座—布具—行注目礼—温杯—取茶—赏茶—置茶—润茶—摇香—冲泡—奉茶—收具—行礼—退场。

茶水比——1∶50。

水温——70 ℃～90 ℃。

冲泡时间——2～3分钟。

课后习题

一、判断题（对的请打“√”，错的请打“×”。）

(　　) 1.形似瓜子的单片，色泽绿中带霜（宝绿）是六安瓜片的品质特点。

(　　) 2.绿茶类属不发酵茶，故其茶叶颜色翠绿、汤色绿黄。

(　　) 3.“平绿”属于长炒青类绿茶。

(　　) 4.叶绿素是绿茶干茶色泽和叶底色泽的主要物质，叶绿素保留量高，色泽翠绿。

(　　) 5.龙井茶品质“四绝”的特征是色白、形美、香幽、味厚。

二、单项选择题（答案是唯一的，多选、错选不得分。）

1.外形匀整，条索紧结，色泽灰绿光润是（　　）的品质特点。

A.皖南屯绿　　B.信阳毛尖　　C.洞庭碧螺春　　D.西湖龙井

2.信阳毛尖内质的品质特点是（　　）。

A.汤色碧绿，滋味甘醇鲜爽

B.清香幽雅，浓郁甘醇，鲜爽甜润

C.内质清香，汤绿味浓

D.香高馥郁，味浓醇和，汤色清澈明亮

3.外形扁平光滑，形如“碗钉”是（　　）的品质特点。

A.皖南屯绿　　B.信阳毛尖　　C.洞庭碧螺春　　D.西湖龙井

4.按干燥方式不同，绿茶有（　　）三种。

A.炒青、烘青、晒青　　B.蒸青、闷青、凉青

C.炒青、蒸青、闷青　　D.闷青、晒青、渥青

5.（　　）茶叶的种类有粗茶、散茶、末茶、饼茶四种。

A.唐代　　B.宋代　　C.明代　　D.清代

6.科学饮茶的基本要求是（　　）。

A.正确选择茶叶、正确冲泡方法和正确的品饮

B.正确选择茶叶和正确冲泡方法

C.正确冲泡方法和正确的品饮

D.正确选择茶叶和正确的品饮

7.（　　）名茶具有“一早二奇”和“透天香”之美誉。

A.铁观音　　B.黄金桂　　C.肉桂　　D.白牡丹

8.龙井茶艺中（　　）寓意是向嘉宾三致意。

A.“金狮三呈祥”　B.“祥龙三叩首”　C.“凤凰三点头”　D.“孔雀三清声”

9.在各种茶叶的冲泡程序中，（　　）是冲泡技巧中的三个基本要素。

A.茶具、茶叶品种、温壶　　B.置茶、温壶、冲泡

C.茶叶用量、壶温、浸泡时间　　D.茶叶用量、水温、浸泡时间

10.碧螺春是属于（　　）。

A.绿茶　　B.红茶　　C.黄茶　　D.青茶

11.在日常生活中，（　　）是一种从生理上需要到精神上满足的上升。

A.喝茶到品茶　　B.以茶代酒

C.将茶列为开门七件事之一　　D.喝茶到喝调味茶

12.冲泡茶叶和品饮茶汤是茶艺形式的重要表现部分，称为“行茶程序”，共分为三个阶段：准备阶段、（　　）、完成阶段。

A.冲泡阶段　　B.奉茶阶段　　C.待客阶段　　D.操作阶段

13.茶多酚与氨基酸等影响茶汤滋味物质的（　　）的变化，可以表现出茶的

各种不同滋味的特征。

A.含量与组成　　B.发酵程度　　C.冲泡水温　　D.茶汤冷热

14.龙井茶泡茶的适宜水温是（　　）左右。

A.100 ℃　　B.70 ℃　　C.80 ℃　　D.90 ℃

15.龙井茶冲泡中“凉汤”的作用是（　　）。

A.预防烫伤客人　　B.预防烫熟茶芽

C.预防烫伤茶艺师　　D.预防烫伤叶底

任务五 黄茶

案例导入

近日，一位朋友问茶艺师小王，君山银针是不是白茶？小王告知朋友，君山银针是黄茶，并向朋友解释，人们之所以会误认为君山银针是白茶，究其原因有两个：一是知道白毫银针是白茶，误认为叫“银针”的都是白茶；二是黄茶在市面上较之其他茶类，相对少见一些。小王介绍黄茶是我国特有的珍稀茶类，在历史上曾作为贡茶进贡给皇帝。

实训目标

1.了解黄茶加工程序，掌握黄茶分类标准，能辨识常见黄茶和典型名优黄茶；

2.能根据实际场合的需求和黄茶茶品特点，选择合适的器具，掌握茶水比、水温和冲泡时间，并完成冲泡。

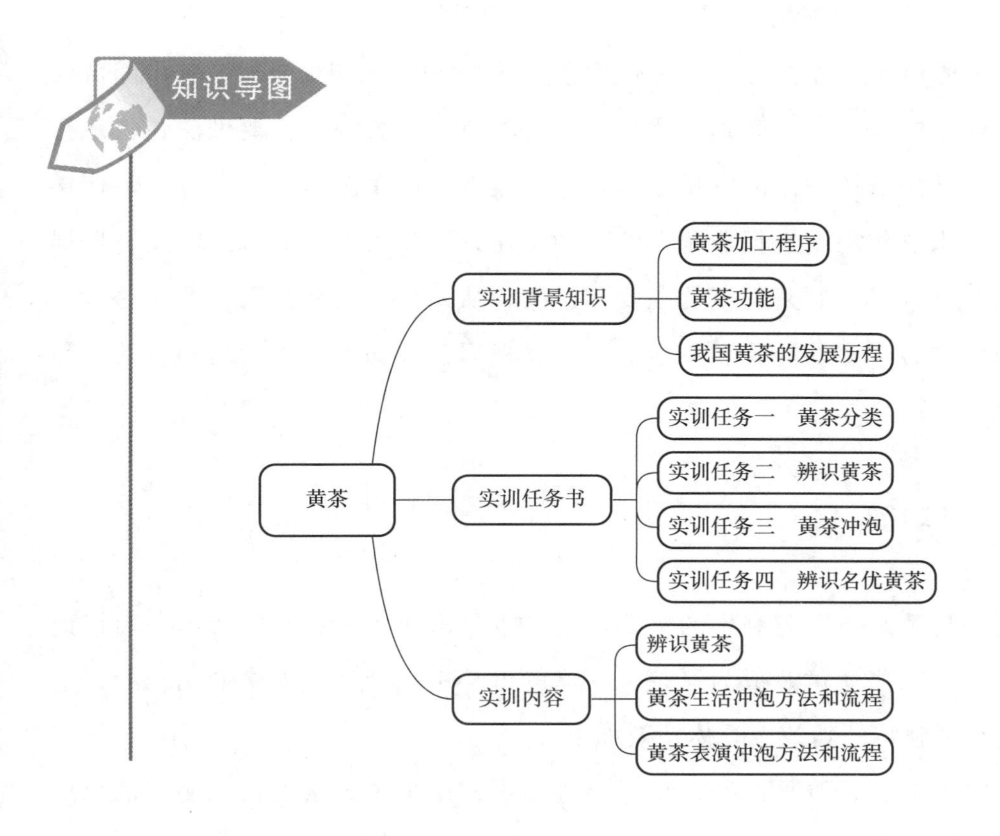

一、实训背景知识

（一）黄茶加工程序

据历史记载，黄茶的制作早在唐代就已初具雏形，经过宋、元、明、清几个朝代的不断发展和完善，逐渐形成了今天我们所见的黄茶制作工艺。在茶文化历史上，未产生系统的茶叶分类理论之前，众多品茶者，大都凭直观感觉辨别黄茶。这种识别黄茶的方法，混淆了加工方法和茶叶品质极不相同的几个茶类，涉及很多种品质各异的茶叶。有些茶叶因鲜叶具嫩黄色芽叶而得名为黄茶，而实为绿茶类。还有采制粗老的绿茶、晒青绿茶、陈绿茶以及青茶都是黄色黄汤，也很容易被误认为是黄茶。

2022年11月，黄茶的君山银针茶制作技艺入选国家级非遗代表性项目。黄茶

的加工流程主要包括杀青、揉捻（或不揉捻）、闷黄和干燥四个步骤。其中闷黄工序是黄茶与绿茶制作的主要区别，这是形成黄茶特点的关键。主要做法是将杀青和揉捻后的茶叶用纸按一定的重量分别包好，或堆积后用湿布盖于上方，促使揉捻后的茶叶在水热作用下进行非酶性的自动氧化，形成黄色。闷黄的时间，根据制茶量、茶叶含水量、制茶环境的温度和湿度，从几个小时到几天不等。这就要求制茶师傅要具备丰富的经验和灵活性，需要根据茶叶的变化去判断闷黄的时间是否合适。

（二）黄茶功能

闷黄工序是黄茶与绿茶制作的主要区别，也是形成黄茶特点的关键。通俗地说，黄茶的闷黄工序使黄茶成为沤茶，在沤的过程中，会产生大量的消化酶，这就使黄茶具有更独特的功效，具体功效如下：

一是去除胃热。黄茶是沤茶，在沤的过程中，产生了大量的消化酶，消化酶能刺激脾胃功能，可缓解食欲不振、消化不良等症状。

二是减肥消脂。黄茶含有的消化酶成分，能够提高人体的代谢功能，帮助分解脂肪，有减肥消脂的功效。

（三）我国黄茶的发展历程

黄茶的历史背景与发展脉络可谓源远流长，其深厚的文化底蕴和独特的制作工艺，使得黄茶在中国茶文化中占据了举足轻重的地位。黄茶自古至今有之，但不同的历史时期，不同的观察方法赋予了黄茶不同的含义。历史上最早记载的黄茶概念，不同于现代所指的黄茶，而是依茶树品种原有特征，因茶树生长的芽叶自然显露黄色而称之为黄茶，如在唐朝享有盛名的安徽寿州黄茶和作为贡茶的四川蒙顶黄芽，都因芽叶自然发黄而得名。我国黄茶的发展历程如表5-1所示。

表 5-1　我国黄茶的发展历程

阶段	简介
起源时期	关于黄茶起源,历史上最早记载的黄茶概念,和现在所说的黄茶概念有所不同。最早的黄茶是依茶树品种原有特征,茶树生长的芽叶自然显露黄色而定义的,比如在唐代享有盛名的安徽寿州黄茶和四川蒙顶黄芽,都是因为茶树的芽叶自然发黄而得名
唐宋时期	黄茶的制作技艺在唐代初具雏形
明清时期	不断发展和完善,注重干茶外形、汤色、香气和滋味等细节,逐渐形成了现在的黄茶制作工艺
现代发展	随着科学技术的进步和茶叶产业的发展,黄茶的加工技术得到了进一步改良和提升。黄茶产业快速发展,许多地区开始大力推广黄茶文化,举办各种茶文化活动和赛事,进一步提升了黄茶在茶文化中的地位和影响力

我国古代关于黄茶的文化典故也不少，如表5-2所示。

表 5-2　黄茶的文化典故

茶品	文化典故
君山银针	相传四千多年前,舜帝南巡不幸驾崩于九嶷山下。两位爱妃娥皇、女英奔丧途经洞庭遇险,湖面漂来七十二只青螺,把她们托起聚成君山。为了不让君山岛被淹,在湖底还有“定海神针”可随洞庭湖水涨退而伸缩。其间,二妃将随身所带的茶籽播于君山。茶籽经悉心培育,在君山白鹤寺长出了三蔸健壮的茶苗,成为君山茶母本,也是黄茶之源。自此君山有茶,后来人们模仿“定海神针”之形将君山茶制成针状,取名“君山银针”
岳阳黄茶	唐代的岳阳黄茶,不仅受到了宫廷的青睐,更重要的是作为一种媒介,为汉藏的文化交流起到过重要的作用,引出了一段流芳千古的佳话。唐太宗贞观十一年(637年),松赞干布向唐求婚,唐太宗同意将宗室女文成公主嫁给松赞干布。贞观十五年(641年),松赞干布迎娶文成公主。出发时,文成公主带了一些她所喜爱的书籍、日用品,以及陶器、纸、酒、茶叶等作为嫁妆,而入藏时带去的茶叶就是岳州(今岳阳)名茶“灉湖含膏”。文成公主入藏后,把饮茶习俗传到西藏,使茶与佛教进一步融合,布道弘法,并升华为西藏喇嘛寺中空前规模的茶之盛会

二、实训任务书

实训任务一　黄茶分类

实训日期：　　　年　　月　　日

分类依据	分类	每个类别的名优黄茶(需注明具体产地)

实训心得：

说明：请根据实训要求，记录实训要点、相关概念和专有名词。

实训任务二　辨识黄茶

根据课堂提供的茶样，完成以下实训表格。

实训日期：　　　年　　月　　日

茶样	所属黄茶类别	品名(需注明具体产地)

实训心得：

说明：请根据实训要求，记录实训要点、相关概念和专有名词。

实训任务三　黄茶冲泡

实训日期：　　年　　月　　日

实训流程	需要准备的茶具	冲泡流程	冲泡技巧(如投茶量、冲泡时间、水温)
黄茶生活冲泡			
黄茶表演冲泡			

实训心得：

说明：请根据实训要求，记录实训要点、相关概念和专有名词。

实训任务四　辨识名优黄茶

该实训任务供学生选择性完成。

请根据教材资料，并结合个人通过书籍或网络查找的文献资料，课后制作主题为“我国名优黄茶”的PPT，并于下次课进行讲解和演示。具体要求如下：

（1）我国名优黄茶的名单（5～10款即可）；

（2）每款名优黄茶的产地、历史、特点、图片；

（3）每款名优黄茶的外形、汤色、香气、滋味等特点。

三、实训内容

（一）辨识黄茶

黄茶属于微发酵茶，黄茶的制作在工艺上和绿茶有较多相似之处，都有杀青、揉捻和干燥的工序，但黄茶多了一道闷黄的工序。这道工序使得茶叶要在杀青基础上发酵，以促使其多酚叶绿素等物质部分氧化，黄茶的叶和汤得以转变成了黄

色，这是形成黄茶特点的关键。这道工序也使得黄茶具有黄汤黄叶的特征，且滋味更醇厚。黄茶按鲜叶的嫩度和芽叶大小分类，分为黄芽茶、黄小茶和黄大茶三类，如表5-3所示。

表5-3　黄茶分类

类别	采摘标准	茶品特点	常见茶品
黄芽茶	单芽或一芽一叶初展	外形针形或雀舌形，芽叶细嫩；色泽嫩黄、鲜润；汤色杏黄或黄亮；香气清鲜；滋味醇厚回甘；叶底嫩黄匀亮	湖南岳阳君山银针 四川蒙顶黄芽 安徽霍山黄芽 浙江湖州莫干黄芽
黄小茶	一芽一叶或一芽二叶	外形芽叶肥嫩，显毫；色泽黄青；汤色黄亮；香气清高；滋味醇厚回甘；叶底柔软匀亮	湖南宁乡沩山毛尖 湖北远安鹿苑 浙江平阳黄汤 安徽霍山黄小茶
黄大茶	一芽二三叶或一芽四五叶	外形芽叶肥厚成条，带茎梗，梗叶相连；色泽黄或黄褐；汤色黄或深黄；香气纯正；滋味醇厚；叶底黄	安徽霍山黄大茶 广东韶关、肇庆、湛江大叶青 安徽皖西金寨黄大茶 四川雅安黄大芽 湖北英山黄大芽

由表5-3的黄茶分类可看出，按鲜叶的嫩度，由嫩到老，汤色会逐渐加深，由黄芽茶的杏黄，到黄小茶的黄，再到黄大茶的深黄。

（二）黄茶生活冲泡方法和流程

根据黄茶的发酵度和嫩度，黄茶可用杯、碗进行冲泡，材质可选用玻璃、陶瓷等。

冲泡方法：玻璃杯冲泡法，盖碗冲泡法。

冲泡流程：温器—置茶—温润泡—冲泡—出汤—分茶—奉茶—品饮—第二次冲泡。

茶水比——1∶30~1∶50。在生活茶艺中，根据茶类、主泡器和品饮者的口味浓淡等因素，茶水比可做出灵活调控。如果品饮者对茶汤浓度接受度较高，可选用1∶30的茶水比；如果品饮者口味较清淡，可选用1∶50的茶水比。

水温——80 ℃~95 ℃。具体需根据现场冲泡的茶叶级别和类别调控水温。采摘原材料较粗老的黄茶，水温可适当调高，用90 ℃~95 ℃的水温；采摘原材料细嫩的黄茶，比如特级茶芽和较细嫩的一级黄茶，水温可调低，选用80 ℃左右的水温；一般的一级和二级黄茶，选用85 ℃~90 ℃的水温即可。

冲泡时间——15秒~1分钟，具体时间如表5-4所示。

表5-4 黄茶生活冲泡时间

次数	参考时间
第一泡	40~60秒(从温润泡开始计算时间)
第二泡	30~40秒
第三泡	40~50秒
第四泡以后	每增加一泡,时间递增15秒左右

以上只是通常的规律，有时也会因某些黄茶茶品的特性和品饮者的特殊口味要求，对冲泡时间进行灵活调整。

（三）黄茶表演冲泡方法和流程

黄茶表演的冲泡方法选用直口玻璃杯冲泡法，比如用直口玻璃杯冲泡黄茶中的君山银针，在冲泡过程中，由于茶叶吸水程度的不同，茶叶在杯中三起三落，极具观赏性。

冲泡方法：直口玻璃杯冲泡法。

冲泡流程：上场—放盘—行礼—入座—布具—行注目礼—温杯—取茶—赏茶—置茶—润茶—摇香—冲泡—奉茶—收具—行礼—退场。

茶水比——1∶50。

水温——80 ℃~85 ℃。

冲泡时间——2~3分钟。

课后习题

一、判断题（对的请打“√”，错的请打“×”。）

（　　）1.信阳毛尖内质汤色碧绿、滋味甘醇鲜爽。

（　　）2.抽烟、饮酒可以缓解“茶醉”。

（　　）3.非茶类夹杂物，如草毛、树叶、泥沙、头发、虫尸等直接影响到茶叶的品质和卫生。

（　　）4.我国古代士大夫修身的四课内容是诗、书、剑、艺。

（　　）5.黄茶君山银针冲泡后，大约5分钟，就可以品饮了。

二、单项选择题（答案是唯一的，多选、错选不得分。）

1.（　　）是指芽头为金黄的底色，满披白色银毫为君山银针特有的色泽。

A.金黄明亮　　B.嫩黄　　C.金镶玉　　D.褐黄

2.君山银针外形的品质特点是（　　）。

A.芽头肥壮、紧实挺直、芽身金黄、满披白毫

B.形似雀舌、匀齐壮实、锋显毫露、色如象牙、鱼叶金黄

C.条索紧结、肥硕雄壮、色泽乌润、金毫特显

D.单片、形似瓜子、自然平展、叶缘微翘、大小均匀、色泽绿中带霜（宝绿）

3.温州黄汤产于浙江省温州地区的平阳、泰顺、瑞安、永嘉等县，始于清代，温州黄汤茶叶外形条索细紧、显毫；色泽黄绿；汤色杏黄明亮；滋味鲜醇，香气持久；叶底（　　）。

A.黄绿明亮　　B.暗沉　　C.微黄　　D.红艳明亮

4.黄茶按鲜叶老嫩不同，分为（　　）三大类。

A.蒙顶茶、黄大茶、太平猴魁　　B.信阳毛尖、黄大茶、洞庭茶

C.黄金桂、黄小茶、都匀毛尖　　D.黄芽茶、黄小茶、黄大茶

5.茶叶中的（　　）具有降血脂、降血糖、降血压的药理作用。

A.氨基酸　　B.咖啡碱　　C.茶多酚　　D.维生素

6.过量饮浓茶，会引起头痛、恶心、（　　）、烦躁等不良症状。

A.失眠　　B.糖尿病　　C.癌症　　D.高血压

7. 下列选项不符合茶艺师坐姿要求的是（　　）。

A. 挺胸立腰显精神

B. 两腿交叉叠放显优雅

C. 端庄娴雅身体随服务要求而动显自然

D. 坐正坐直显端庄

8. 构成茶艺师礼仪最基本的三大要素是（　　）。

A. 语言、行为表情、服饰　　B. 礼节、礼貌、礼服

C. 待人、接物、处事　　D. 思想、行为、表现

9. 唐代饮茶风盛的主要原因是（　　）。

A. 社会鼎盛　　B. 文人推崇　　C. 朝廷诏令　　D. 茶叶发展

10. 茶文化的核心是（　　）。

A. 茶道精神　　B. 茶礼精神　　C. 释家精神　　D. 儒家精神

11.（　　）名茶具有“三绿、三香”的特点。

A. 黄山毛峰　　B. 石亭绿　　C. 南京雨花茶　　D. 敬亭绿雪

12. 清饮法是以沸水直接冲泡叶茶，清饮茶汤，可品尝茶叶（　　）。

A. 香味　　B. 真香本味　　C. 汤色　　D. 原汁原味

13. 清代梁章钜在《归田琐记》中的“至茶品之四等”的“四等”指的是（　　），道出了品茶的要义。

A.“香、韵、色、嫩”　　B.“香、清、甘、活”

C.“色、香、味、韵”　　D.“极品、上品、中品、下品”

14.（　　）不是近代作曲家为品茶而谱写的音乐。

A.《闲情听茶》　　B.《采花扑蝶》　　C.《竹奏乐》　　D.《茉莉花》

15. 黄茶工艺流程中，（　　）不是必不可少的工艺。

A. 杀青　　B. 闷黄　　C. 干燥　　D. 揉捻

任务六

白茶

案例导入

近日，一位朋友问茶艺师小王，白茶作为轻微发酵茶，是不是跟不发酵的绿茶一样，用 80 ℃～90 ℃的水进行冲泡？

小王告知朋友，白茶的分类很多，根据原材料的细嫩程度，可以分为白毫银针、白牡丹、贡眉和寿眉。她向朋友解释，嫩度较高的白毫银针和白牡丹确实不适合用 100 ℃的沸水冲泡；而原材料相对粗老的寿眉不仅可以用高温冲泡，还可以用容器进行煮饮。最后，小王告知朋友，茶叶的类别不是判断泡茶水温的唯一标准，还应结合老嫩程度等其他因素来选择合适的冲泡水温。

实训目标

1. 了解白茶加工程序，掌握白茶分类标准，能辨识常见白茶和典型名优白茶；

2. 能根据实际场合的需求和白茶茶品的特点，选择合适的器具，掌握茶水比、水温和冲泡时间，并完成冲泡。

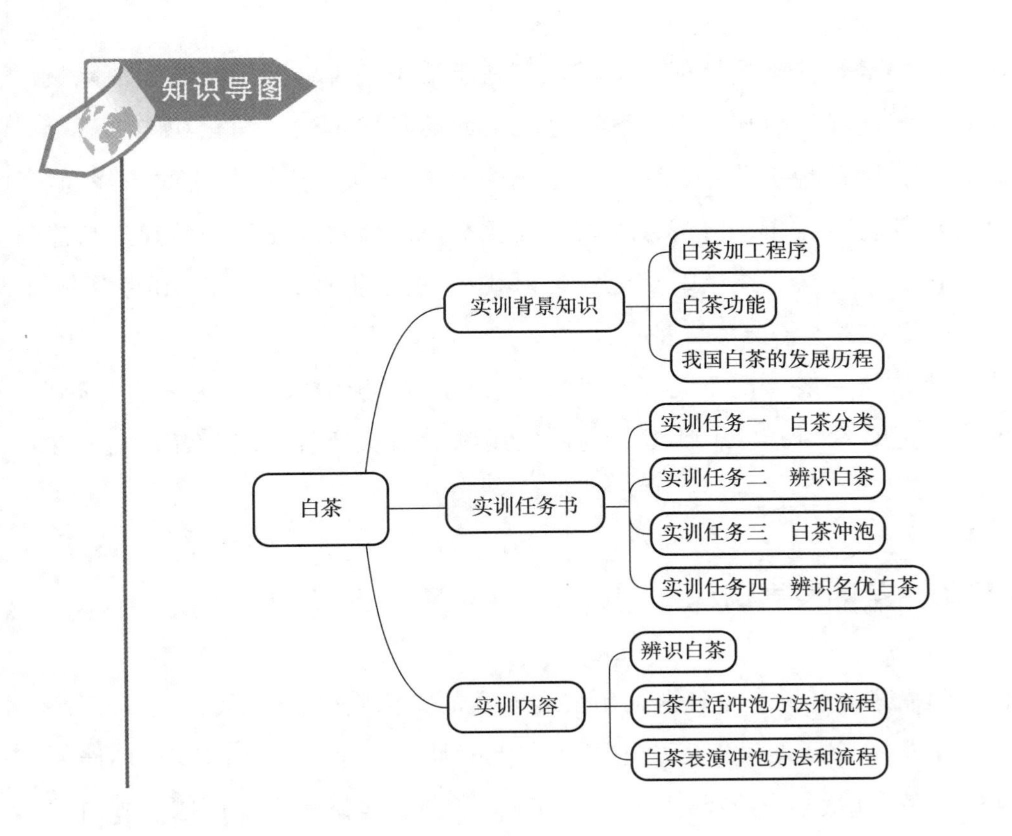

一、实训背景知识

（一）白茶加工程序

白茶的制作工艺，一般分为萎凋和干燥两道工序，最关键的工序在于萎凋。萎凋分为室外萎凋和室内自然萎凋，室内自然萎凋又分为复式萎凋和加温萎凋。传统白茶的干燥温度较低，一般采用低温长时间干燥。

（二）白茶功能

白茶的制作工艺人工干预少，在制作工序上不炒不揉不杀青，只经过萎凋和干燥制作而成。白茶是六大茶类里面最接近天然的茶类，其茶氨酸、茶多酚、多

糖、维生素、黄酮素等物质含量都很丰富，有利于消炎解毒、降压减脂、消除疲劳，尤其针对烟酒过度、油腻过多、肝火过旺引起的身体不适、消化功能障碍等症状，白茶具有独特的保健作用。在民间，陈年的白茶通常用作幼儿的退烧药，其退烧效果好，且较为温和。白茶在中国华北及福建产地被广泛视为治疗麻疹患者的良药。清代名人周亮工在《闽小记》中记载："白毫银针，产太姥山鸿雪洞，其性寒凉，功同犀角，是治麻疹之圣药。"

白茶性寒凉，但一般情况下是不会刺激胃壁的。对于中医定义为的胃"热"者，可在空腹时适量饮用；胃中性者，随时饮用都无妨；而胃"寒"者，则要在饭后饮用。

（三）我国白茶的发展历程

白茶起源于福建地区，有着悠久的历史和丰富的文化底蕴。

白茶一直是茶中珍品，根据历史记载，东汉时期，一个叫尹珍的青年怀揣家乡生长自制的"荼"（最早没有茶字,只有荼字），拜谒著名儒学大师许慎，遭门丁刁难，便在其檐下席地嚼"荼"，片刻，许慎整个府邸充溢着浓郁的茗香。许慎踱步而出溯源，随即便邀尹珍入书房，将其"荼"冲泡相观，见其外形优美，白色叶底如银针坠壶，汤色碧绿明亮，品之顿觉味鲜而清爽醇厚，偶有淡雅苦味即刻津生口中。

对于白茶起源的具体时间，学术界有不同的说法。有学者认为白茶起源于唐代，依据是白茶一词最早出现于唐代陆羽的《茶经》中，文中转引了目前已失传的隋代《永嘉图经》中的句子"永嘉县东三百里有白茶山"，这是目前发现的关于白茶的最早记录。

有部分学者认为，白茶应该起源于"神农尝百草"时期，当时出现的茶饮就是将新鲜的茶叶晾干后进行储藏，从制作工艺的角度来看，当时的茶叶制作工艺最为接近白茶的制作工艺。

还有学者认为白茶源于宋代，宋徽宗在《大观茶论》中专门论述了白茶"自为一种，与常茶不同"，而宋代的贡茶龙团、凤饼就是由白毫银针等白芽茶制成。关于白茶，古代也出现过不少的文化典故，如表6-1所示。

表6-1　白茶的文化典故

茶品	文化典故
白茶	白茶的名字最早出现在《永嘉图经》中，其记载："永嘉县东三百里有白茶山。"陈椽教授在《茶叶通史》中指出："永嘉东三百里是海，是南三百里之误。南三百里是福建福鼎(唐为长溪县辖区)，系白茶原产地。"可见，唐代长溪县(福建福鼎)已培育出"白茶"品种
政和白茶	宋徽宗(赵佶)在《大观茶论》(成书于1107—1110大观年间，书以年号命名)中，有一节专论白茶写道："白茶自为一种，与常茶不同，其条敷阐，其叶莹薄。崖林之间偶然生出，非人力所可致。正焙之有者不过四五家，生者不过一二株，所造止于二三胯(銙)而已。芽英不多，尤难蒸焙，汤火一失，则已变而为常品。须制造精微，运度得宜，则表里昭彻，如玉之在璞，它无与伦也。浅焙亦有之，但品格不及。"宋代的皇家茶园，设在福建建安郡北苑(即今福建省建瓯市)。《大观茶论》里说的白茶，是早期产于北苑御焙茶山上的野生白茶。公元1115年，关隶县向宋徽宗进贡茶银针，"喜动龙颜，获赐年号，遂改县名关隶为政和"
福鼎白茶	福鼎白茶原产于福鼎太姥山。据传说，太姥山古名才山，尧帝时(公元前2358—公元前2257年)有一老母在此居住，以种兰为业，为人和善，乐善好施，并曾将其所种绿雪芽茶作为治疗麻疹的神药，救活很多小孩，人们感恩戴德，把她奉为神明，称她为太母，这座山也因此名为太母山。汉武帝时，派遣了侍中东方朔到各地册封天下名山，于是太母山被封为天下三十六名山之首，并正式改名为太姥山。至今，福鼎太姥山还留有相传是太姥娘娘手植的福鼎大白茶原始母树绿雪芽古茶树
白牡丹	清嘉庆初年(1796年)已有白茶生产，当时以闽北菜茶品种为鲜叶。清咸丰、同治年间(1851—1874年)，政和铁山乡人改植大白茶，并于光绪十五年(1889年)用大白茶制银针试销成功，次年运销国外。白牡丹始创于建阳县水吉镇，1922年政和县也开始制造白牡丹，运销香港，价格比普通红茶和绿茶高出一倍多

二、实训任务书

实训任务一 白茶分类

实训日期： 年 月 日

分类依据	分类	每个类别的名优白茶(需注明具体产地)

实训心得：

说明：请根据实训要求，记录实训要点、相关概念和专有名词。

实训任务二 辨识白茶

根据课堂提供的茶样，完成以下实训表格。

实训日期： 年 月 日

茶样	所属白茶类别	品名(需注明具体产地)

实训心得：

说明：请根据实训要求，记录实训要点、相关概念和专有名词。

实训任务三　白茶冲泡

实训日期：　　年　　月　　日

实训流程	需要准备的茶具	冲泡流程	冲泡技巧(如投茶量、冲泡时间、水温)
白茶生活冲泡			
白茶表演冲泡			

实训心得：

说明：请根据实训要求，记录实训要点、相关概念和专有名词。

实训任务四　辨识名优白茶

该实训任务供学生选择性完成。

请根据教材资料，并结合个人通过书籍或网络查找的文献资料，课后制作主题为“我国名优白茶”的PPT，并于下次课进行讲解和演示。具体要求如下：

（1）我国名优白茶的名单（5~10款即可）；

（2）每款名优白茶的产地、历史、特点、图片；

（3）每款名优白茶的外形、汤色、香气、滋味等特点。

三、实训内容

（一）辨识白茶

白茶属于微发酵茶，是我国茶类中的特殊珍品。白茶主要是因为特级和一级的成品茶芽头较多，满披白毫，如银似雪而得名。

白茶是不经杀青或揉捻，只经过晒或文火干燥后加工而形成的茶，一直以来都是六大茶类中最接近天然的茶。由于人工干预少，白茶通常芽毫完整，外形自然舒展，香气清鲜，滋味清爽甘甜。根据茶树品种和鲜叶原料采摘的标准，可以将白茶分为白毫银针、白牡丹、寿眉和贡眉，具体如表6-2所示。

表6-2 白茶分类

类别	采摘标准	茶品特点	常见茶品
白毫银针	单芽	芽头肥嫩，满披白毫，挺直如针；汤色杏黄、嫩黄或浅白明亮；香气嫩香、清香或毫香；滋味鲜爽；叶底软嫩，鲜活匀整	福建福鼎北路银针 福建政和南路银针 云南白毫银针
白牡丹	一芽一叶或一芽二叶	芽叶连枝，自然舒展；色泽银绿鲜活；汤色绿黄或黄绿明亮；香气清香；滋味甘和鲜爽；叶底嫩匀	福建福鼎白牡丹 福建政和白牡丹 贵州正安白茶 云南月光白 江西资溪白茶 安徽黄山白茶 江西靖安白茶
寿眉	一芽三四叶	芽叶连枝，有梗，自然舒展，嫩度较低；汤色黄或深黄；香气清香，有枣香；滋味醇和；叶底尚嫩	福建政和白茶 福建福鼎白茶
贡眉	福鼎当地群体种的嫩梢	芽叶饱满，叶片嫩滑，毫心明显；汤色绿黄、黄绿或浅黄；香气清香，有梅子香；汤感甜醇爽口；叶底尚嫩	福建福鼎贡眉

由表6-2的白茶分类可看出，按鲜叶的嫩度，由嫩到老，汤色会逐渐加深，由白毫银针的杏黄，到白牡丹的绿黄或黄绿，再到贡眉的黄绿或浅黄。而滋味上，由于寿眉梗叶有丰富的胶质及可溶性糖，茶汤醇和绵润，甜度更高。

此外，不少人觉得贡眉，仅仅就是茶青老嫩程度介于白牡丹和寿眉之间的白茶，其实严格意义上的贡眉，不仅仅是原材料老嫩与其他类别的白茶有区别，更重要的是，贡眉是选用福鼎当地群体种的茶青作为原材料。

（二）白茶生活冲泡方法和流程

白茶既可以新鲜喝，也可以经过长时间存放后再品饮。在六大茶类中，白茶制作工艺虽然最简单，但是在冲泡过程中更需要掌握一定的技巧才能使冲泡出来的茶具有茶汤鲜爽甘醇、香气四溢的优点。根据原材料的老嫩和存放时间的不同，冲泡白茶可以选用杯、碗、壶；材质可选用玻璃、陶瓷等。日常生活中，通常使用盖碗冲泡法，但是针对原材料较为粗老的寿眉或存放时间较长的老白茶，可选用壶泡法。此外，对于一些存放时间较长的寿眉，也可选用煮茶法，不仅能展现其醇厚的口感，更能提升其在岁月中沉淀和转化出来的香气和韵味。

冲泡方法：盖碗冲泡法、壶泡法等。

冲泡流程：温器—置茶—温润泡—冲泡—出汤—分茶—奉茶—品饮—第二次冲泡。

茶水比——1∶30～1∶50。在生活茶艺中，根据茶类、主泡器和品饮者的口味浓淡等，可以对茶水比进行灵活调控。如果品饮者对茶汤浓度接受度较高，可选用1∶30的茶水比，如果品饮者口味较清淡，可选用1∶50的茶水比。

水温——80 ℃～100 ℃。具体需根据现场冲泡的茶叶级别和类别调控水温。采摘原材料较粗老的白茶，水温可适当调高，用90 ℃以上的水；采摘原材料细嫩的白茶，比如特级茶芽和较细嫩的白牡丹，水温可调低，选用80 ℃～85 ℃的水；一般的贡眉、寿眉，选用90 ℃左右的水即可；而在煮饮老白茶的时候，就要用100 ℃的水温。

冲泡时间——30秒～1分钟，具体时间如表6-3所示。

表6-3　白茶生活冲泡时间

次数	参考时间
第一泡	40～60秒(从温润泡开始计算时间)
第二泡	30～40秒
第三泡	40～50秒
第四泡以后	每增加一泡,时间递增15秒左右

以上只是通常的规律，有时也会因某些白茶茶品的特性和品饮者的特殊口味要求，对冲泡时间进行灵活调整。

（三）白茶表演冲泡方法和流程

冲泡方法：盖碗冲泡法。

冲泡流程：上场—放盘—行礼—入座—布具—行注目礼—温杯—取茶—赏茶—置茶—润茶—摇香—冲泡—奉茶—收具—行礼—退场。

茶水比——1∶20～1∶50。

水温——80 ℃～100 ℃（白毫银针和嫩度较高的白牡丹，用80 ℃～85 ℃的水；如果是较粗老的寿眉，可用100 ℃的水）。

冲泡时间——1分钟左右。

课后习题

一、判断题（对的请打“√”，错的请打“×”。）

（　　）1.冲泡白茶的水温一般以100 ℃左右为宜。

（　　）2.白牡丹条索纤细、卷曲成螺、茸毛披露。

（　　）3.茶艺师为了表示尊重，在与宾客交谈时，目光不要注视对方，避免对方紧张。

（　　）4.品饮白毫银针茶时，茶水比以1∶20为宜。

（　　）5.茶室插花的目的是烘托品茗环境。

二、单项选择题（答案是唯一的，多选、错选不得分。）

1.福鼎白毫银针与政和白毫银针的区别是（　　）。

A.福鼎白毫滋味清鲜爽口，政和白毫滋味苦涩

B.福鼎白毫滋味清鲜爽口，政和白毫滋味醇厚

C.福鼎白毫滋味醇厚，政和白毫滋味清鲜爽口

D.福鼎白毫滋味苦涩，政和白毫滋味醇厚

2.城市茶艺馆泡茶用水可选择（　　）。

A.雨水 B.雪水 C.井水 D.纯净水

3.采用福鼎大白、福鼎大毫、水仙以及菜茶的一芽二叶初展加工制成的白茶是（　　）。

A.寿眉 B.贡眉 C.白牡丹 D.白毫银针

4.形似雀舌，匀齐壮实，锋显毫露，色如象牙，鱼叶金黄是（　　）的品质特点。

A.黄山毛峰 B.六安瓜片 C.君山银针 D.滇红工夫茶

5.白茶的发酵程度在（　　）。

A.0%—5% B.5%—10% C.10%—20% D.20%—50%

6.茶叶的保存应注意氧气的控制，茶中（　　）的氧化和氧气有关。

A.多酚类化合物 B.蛋白质类 C.维生素类 D.脂肪类

7.（　　）五大名窑是官窑、哥窑、汝窑、定窑、钧窑。

A.宋代 B.五代 C.元代 D.明代

8.茶叶中含有（　　）多种化学成分。

A.100 B.200 C.500 D.600

9.政和功夫中的大茶采用（　　）制成。

A.大叶种 B.小叶种 C.政和大白茶 D.政和小白茶

10.白茶的香气特点是（　　）。

A.陈香 B.蜜香 C.毫香 D.花香

11.白茶温润泡时，注水量为茶杯的（　　）。

A.1/2 B.1/3 C.1/4 D.1/5

12.夏暑非常适合饮白茶，因为白茶加工时，在自然环境中直接（　　）、不炒不揉。

A.晾干 B.晒干 C.烘干 D.吹干

13.英文把（　　）称作Black Tea。

A.绿茶 B.白茶 C.红茶 D.黑茶

14.寿眉属于（　　）类。

A.绿茶 B.白茶 C.黄茶 D.花茶

15. 古人对泡茶水温十分讲究，认为“水嫩”，即水温较低，会导致（　　）。

A. 茶叶下沉，新鲜度提高

B. 茶叶下沉，新鲜度下降

C. 茶浮水面，香低味淡

D. 茶浮水面，鲜爽味提高

任务七

青茶

案例导入

近日，一位朋友问茶艺师小王，为什么某品牌的大红袍奶茶在香气和滋味上与其他品牌的奶茶有明显区别？尤其是在香气上，比其他品牌的奶茶更有辨识度？

小王告知朋友，该款大红袍奶茶选用的茶底为青茶中的大红袍，而一般的奶茶都是选用红茶做茶底。他向朋友解释，这款大红袍奶茶之所以味道独特，究其原因有两个：一是消费者习惯了红茶作为茶底的奶茶，当接触到用青茶做茶底的奶茶时，容易有新鲜感；二是因为青茶被称为“茶中香水”，其独特的加工工艺，使其更具馥郁的香气。

实训目标

1. 了解青茶加工程序，掌握青茶分类标准，能辨识常见青茶和典型名优青茶；

2. 能根据实际场合的需求和青茶茶品特点，选择合适的器具，掌握茶水比、水温和冲泡时间，并完成冲泡。

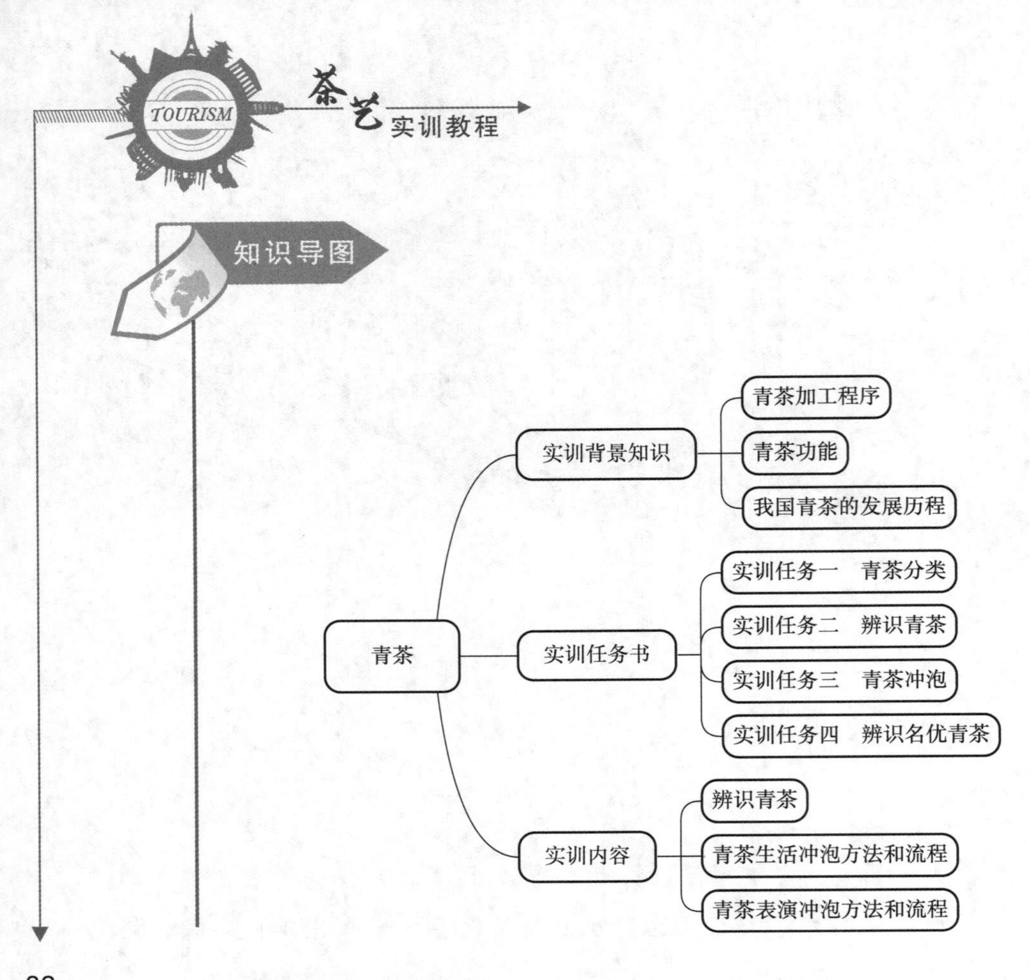

一、实训背景知识

（一）青茶加工程序

青茶的加工工艺流程主要为萎凋、做青、杀青、揉捻、干燥。其中，做青这一工序在闽南称为摇青，潮安称为浪青，台湾称为室内搅拌；做青是青茶加工的重要工序，也是决定青茶品质的关键步骤。

摇青时，鲜叶在碰撞颠簸下，叶缘部分细胞组织受损伤，促使多酚类化合物氧化，产生有色物质（形成“绿叶红镶边”）和促进芳香化合物的形成（青茶独特的香气）。

摇青需要看青摇青，比如叶片肥厚的品种，应多摇、轻摇；重萎凋的茶叶需要轻摇；春茶期间气温低、湿度大，宜摇重些；夏季、原料幼嫩的，晒青程度要足，摇青转数宜少。

做青是摇青与晾青多次反复交替的作业过程，可以有效控制青叶水分的变化和酶性氧化。做青程度因地区、品种等而有所差异。

（二）青茶功能

青茶的半发酵性质，使其茶多酚、生物碱和茶氨酸等多种生物活性成分更加丰富，具有一定的保健功能。研究表明，青茶有利于抗氧化、降血脂、预防心血管疾病、抗糖尿病、抗突变、抑制癌症、抗肿瘤、抗过敏、抗病原菌、调节肠道菌群。品饮青茶虽然对人体的健康有益，但也有以下三个事项需要注意：

一是空腹不饮，空腹饮茶会感到饥肠辘辘、头晕欲吐，这就是喝茶过量引起的“茶醉”；

二是睡前不饮，睡前饮茶会难以入睡；

三是冷茶不饮，冷茶性寒，对胃不利。

因为青茶为半发酵茶，具备了不发酵绿茶的鲜爽，也具备了全发酵红茶的甜醇，所以初喝青茶者，容易因为香甜鲜爽的特点而贪杯。这三个注意事项对刚刚开始品饮青茶的人特别重要。

（三）我国青茶的发展历程

从青茶的发展历程看，该茶起源于北宋时期，可能发源于福建建瓯市的凤凰山，宋真宗时期风靡天下。最初青茶制作时，将采摘的茶叶进行摇荡挤压，茶叶的原材料会“红变”，这是因为茶叶细胞内的多酚氧化酶氧化，使得茶叶边缘出现红色与褐色，该茶叶也因此得名乌龙茶。福建、台湾与广东三地是我国青茶的主要产区，其青茶产量占我国青茶总产量的95%以上。进入21世纪之后，青茶的销售量飞速提升，青茶的种植范围也进一步扩大，不再局限于闽粤台三地。四川、湖南和安徽等省份也陆续开始生产青茶。

青茶的发展历程大致可以归纳为表7-1所示的四个阶段。

表 7-1　我国青茶的发展历程

阶段	简介
起源时期	青茶的形成与发展，首先要溯源北苑茶，北苑茶是福建最早的贡茶。《八闽通志》载，唐末建安张廷晖雇工在凤凰山开辟山地种茶，初为研膏茶，宋太宗太平兴国二年(977年)已产制龙凤茶，宋真宗以后改造小团茶
宋代时期	宋代诗人苏轼(1037—1101年)在他的《咏茶》中写道："武夷溪边粟粒芽，前丁后蔡相宠加。争新买宠各出意，今年斗品充贡茶。"这里的武夷茶即是乌龙茶的鼻祖。可见，早在宋代，武夷茶已经作为贡品。后来到元大德六年(1302年)，在武夷九曲溪的第四曲溪边设置御茶园，制龙团五千饼单独入贡，至此武夷茶名声日渐扩大，盛极一时
明清时期	在明清时期，乌龙茶更加发展壮大，成为富裕人家的重要茶叶。光绪年间，福建一带出现了许多著名的乌龙茶品种，如铁观音、大红袍、水金龙等，这些品种至今仍然备受大众喜爱。20世纪初，乌龙茶开始向台湾和广东等地区传播，台湾的乌龙茶种植技术得到了极大的发展，出现了许多著名的乌龙茶品种，如东方美人、四季春、冻顶等
现代发展	随着茶文化的发展，青茶的口感和品质也不断提升，成了茶叶市场上的重要品种。现在，青茶已经被誉为中国六大茶之一，并且在国际市场上备受青睐

关于青茶，不同品类也有其相应的文化典故，如表 7-2 所示。

表 7-2　青茶的文化典故

茶品	文化典故
乌龙茶	相传，在很久以前，有一位老人在福建的一座岛上发现了一株茶树，他认为这株茶树上的茶叶有特殊的味道和功效，所以将其采摘回家。老人采摘回来的茶叶受到了家里其他人的嘲笑，他们认为这样特殊的茶叶根本不值得一品。然而，当老人沏泡出茶水之后，众人闻之惊呆了。原来，这种茶水既具备了绿茶的清香，又带有红茶的甘甜，口感绵长回甘。此时，一条黑龙从老人身边飞过，众人惊叹道："这茶不愧是乌龙！"从此，这种独特的茶叶就被命名为"乌龙茶"，并且成为一种备受推崇的珍品

续表

茶品	文化典故
冻顶乌龙	一百多年前,在台湾的南投,有一位勤奋好学的青年,名叫林凤池。当时,台湾岛还被清政府划归福建省管辖,要参加科举考试,就要渡海到大陆来。林凤池家境贫寒,没有路费,是当地乡亲们慷慨解囊,凑钱送他登船渡海,到福州城参加了考试。林凤池金榜题名,考上举人后,在福建武夷山一带的一个县衙就职。但他一直没有忘记台湾岛上的乡亲,想报答他们的恩情。一次,在回台湾探亲前,林凤池到武夷山游览。上山后,只见山上岩石之间长着很多茶树,便想起这里出产的乌龙茶清香味醇,远近闻名。于是向当地茶农买了三十六棵茶苗,细心地包裹好,带回家乡。乡亲们见他衣锦还乡,都喜出望外。大家推选了几位有经验的茶农,精心地把这些茶树苗种植在附近最高的冻顶山上。由于台湾气候温和,这些茶树苗棵棵成活,茁壮成长。采茶之后,乡亲们又按照林凤池教的方法将茶叶加工制成乌龙茶。这茶说来奇怪,山上采制,山下便能闻到阵阵茶香,冲泡后喝起来更是清香可口,甘醇爽喉,回味无穷,成为乌龙茶中风味独特的佼佼者。从此"冻顶乌龙"就成为台湾著名的一大特产
闽南乌龙	据说在清雍正年间,在福建省安溪县住着一个茶农,是个打猎能手,姓苏名龙。因他长得黝黑健壮,乡亲们都叫他"乌龙"。一年春天,苏龙腰挂茶篓、身背猎枪上山采茶。采到中午时,一头山鹿突然从他附近跑过,他紧追不舍,整整追了一个下午,终于捕获了猎物。当晚,全家人忙着宰杀、品尝野味,把上午采的茶叶忘到了脑后。直到第二天早上,大家才想起昨天采回的鲜茶叶还在茶篓里,连忙倒出来准备炒制。没想到,放了一夜的鲜叶虽然叶边已经开始变黑,却散发出阵阵清香。当茶叶制好时,苏龙泡了一壶请众乡亲来品尝,发现茶的滋味格外清香浓厚,全无往日的苦涩之味。从此以后,村人就将这种新法制成的茶称为"乌龙茶"

二、实训任务书

实训任务一　青茶分类

实训日期：　　年　　月　　日

分类依据	分类	每个类别的名优青茶(需注明具体产地)

续表

分类依据	分类	每个类别的名优青茶(需注明具体产地)

实训心得:

说明:请根据实训要求,记录实训要点、相关概念和专有名词。

实训任务二　辨识青茶

根据课堂提供的茶样，完成以下实训表格。

实训日期:　　年　　月　　日

茶样	所属青茶类别	品名(需注明具体产地)

实训心得:

说明:请根据实训要求,记录实训要点、相关概念和专有名词。

实训任务三　青茶冲泡

实训日期：　　　年　　月　　日

实训流程	需要准备的茶具	冲泡流程	冲泡技巧(如投茶量、冲泡时间、水温)
青茶生活冲泡			
青茶表演冲泡			

实训心得：

说明：请根据实训要求，记录实训要点、相关概念和专有名词。

实训任务四　辨识名优青茶

该实训任务供学生选择性完成。

请根据教材资料，并结合个人通过书籍或网络查找的文献资料，课后制作主题为“我国名优青茶”的PPT，并于下次课进行讲解和演示。具体要求如下：

(1) 我国名优青茶的名单（5~10款即可）；

(2) 每款名优青茶的产地、历史、特点、图片；

(3) 每款名优青茶的外形、汤色、香气、滋味等特点。

三、实训内容

（一）辨识青茶

青茶也被称为乌龙茶，属于半发酵茶，主要产于中国福建、广东和台湾等地。青茶的品种类型较为多样，多以茶树品种起名，是我国特有的茶叶品种。

青茶的加工工艺流程主要包括萎凋、做青、杀青、揉捻、干燥。其中，做青这一工序在闽南称为摇青，潮汕地区称为浪青，台湾地区称为室内搅拌。做青是青茶加工的重要工序，也是决定青茶品质的关键步骤。青茶独特的工艺流程使其有着独特的风格特点，整体滋味浓醇。

青茶在品质特征上，外形粗壮紧结，色泽乌褐油润；青茶被称为“茶中香水”，有着天然的花香、果香；在滋味上兼具绿茶的清爽和红茶的醇厚。传统工艺制作的青茶，叶底有“绿叶红镶边”的特征。

研究表明，不同地区的青茶其化学成分有很大差异。广东地区青茶以单丛为主，其浸出物、茶多酚、咖啡碱、游离氨基酸均高于其他地区，滋味更加浓强、鲜爽，其香型丰富，既有清新绵柔的，又有馥郁高长的；闽南地区的青茶以清香型铁观音为代表，清幽持久，花香较为明显；闽北地区青茶香气高锐浓郁饱满，火工香十足，并透有果香；台湾地区的青茶滋味以甘醇鲜爽为主，香气馥郁。不同海拔的青茶品质也会有所不同，高山地区气候条件好，有利于茶树氮代谢和有机物的积累，产生较多蛋白质、氨基酸等含氮化合物，儿茶素含量低，茶汤浓度好，滋味、口感、品质优于低海拔地区。

青茶依产地和品质风格不同可分为闽北乌龙、闽南乌龙、广东乌龙和台湾乌龙，具体如表7-3所示。

表7-3　不同产区青茶品质风格

类别	产区说明	茶品特点	常见茶品
闽北乌龙	主产区分布在福建北部的武夷山、建阳、建瓯一带	外形条索壮结；干茶色泽较乌润；香气有浓郁的花果香；汤色橙黄或橙红；滋味醇厚回甘	大红袍 武夷水仙 武夷名丛 武夷肉桂
闽南乌龙	主产区分布在福建南部的泉州、漳州一带	茶汤橙黄，清澈明亮；香气高爽，具花香且香型优雅；滋味醇正甘爽且汤中透香；叶底肥厚黄亮，红边鲜明	铁观音 黄金桂 闽南水仙 永春佛手

续表

类别	产区说明	茶品特点	常见茶品
广东乌龙	广东乌龙茶盛产于汕头地区的潮安、饶平等地	外形条索肥壮匀整;色泽灰褐乌润;香气清香芬芳;汤色红艳;滋味浓厚回甘;叶底厚实,红边绿心	凤凰水仙 岭头单丛
台湾乌龙	台湾乌龙茶产于台北、桃园、新竹、苗栗、宜兰、南投、云林、嘉义等地	汤色蜜黄,清澈明亮;香气清新持久,有自然花香;滋味鲜爽甘醇	文山包种 冻顶乌龙 白毫乌龙(东方美人)

(二)青茶生活冲泡方法和流程

冲泡方法：盖碗冲泡法和壶泡法。

冲泡流程：温器—置茶—温润泡—冲泡—出汤—分茶—奉茶—品饮—第二次冲泡。

茶水比——1∶20～1∶40。在生活冲泡中，根据茶类、主泡器和品饮者的口味浓淡等，可以对茶水比进行灵活调控。如果品饮者对茶汤浓度接受度较高，可选用1∶20的茶水比，如果品饮者口味较清淡，可选用1∶40的茶水比。

在青茶的各产区，青茶的投茶量通常较多，一般茶水比都达到1∶20。

水温——85 ℃～95 ℃。青茶被称为“茶中香水”，较高的水温有助于激发青茶的香气。青茶属于半发酵茶，各产区的青茶发酵度有一定差别，对于发酵度相对低一些的青茶，可选用85 ℃～90 ℃的水；对于发酵度较高的青茶，可选用更高的水温（90 ℃以上）。

冲泡时间——30秒～2分钟。青茶耐泡度较高，有“七泡有余香”的美誉。具体时间如表7-4所示。

表7-4 青茶生活冲泡时间

次数	参考时间
第一泡	30～60秒(从温润泡开始计算时间)
第二泡	30秒左右
第三泡	30～40秒
第四泡以后	每增加一泡,时间递增15秒左右

以上只是通常的规律，有时也会因某些青茶茶品的特性和品饮者的特殊口味要求，对冲泡时间进行灵活调整。

在青茶的生活冲泡中，值得特别介绍的是广东潮汕冲泡青茶的方式——潮汕工夫茶。潮汕地区历史上品饮青茶的茶具十分考究，备有一套小巧精致的茶具，称为“茶房四宝”，即潮汕炉——广东潮州、汕头出产的陶瓷风炉或白铁皮风炉；玉书碨——扁形薄磁的开水壶，容水量约250ml；孟臣罐——江苏宜兴产的用紫砂制成的小茶壶，容水量约50ml；若琛瓯——江西景德镇产的白色小瓷杯，一套四只，每只容水量约5ml。当今泡饮青茶的茶具仍然脱离不了这“茶房四宝”，只是有所变化，更趋实用化、方便化。在潮汕地区，虽然每位冲泡者的冲泡细节各有区别，但核心步骤大致可归纳为八步法：纳茶、候汤、冲泡、刮沫、淋罐、烫杯、洗杯、筛点。在潮汕冲泡青茶的流程中，极具特色的是醒茶之后的斟茶，潮州人也称之为“洒茶”，斟茶入杯前，要先将品茗杯紧挨着排列成“一字形”或者“四方形”，然后将茶壶或盖碗中的茶汤均匀地以“往返”或“轮回”的方式斟入品茗杯中，通常需反复斟2～3次才使品茗杯至八分满，俗称“关公巡城”。壶中茶汤倾毕，尚有余滴，要尽数一滴一滴依次巡回滴入各个品茗杯中，这叫“韩信点兵”。此外，潮汕当地人泡茶，喜欢选用100℃的水。

（三）青茶表演冲泡方法和流程

青茶表演的冲泡方法常选用紫砂壶和双杯进行冲泡，兼具品饮和观赏，在各类茶艺师比赛中，紫砂壶双杯冲泡法是规定茶艺之一。

冲泡方法：壶泡法。

冲泡流程：上场—放盘—行礼—入座—布具—行注目礼—取茶—赏茶—温杯—置茶—润茶—摇香—冲泡—奉茶—示饮—收具—行礼—退场。

茶水比——1∶20。

水温——90 ℃～100 ℃。

冲泡时间——1分钟左右。

课后习题

一、判断题（对的请打“√”，错的请打“×”。）

（　　）1.一般冲泡乌龙茶，投茶量视喝茶人的多少而定。

（　　）2.由于冲泡乌龙茶的温度要求较高，因此在茶艺冲泡过程中增加过滤网和随手泡两样茶具，以避免冲泡中温度降低。

（　　）3.轻发酵及重发酵类乌龙茶，用紫砂壶杯具冲泡。

（　　）4.泡饮乌龙茶一般用95 ℃以上的水。

（　　）5.茶杯越小，泡茶时间就越短。

二、单项选择题（答案是唯一的，多选、错选不得分。）

1.品茶讲究意境，有音乐伴奏。《空山鸟语》是拟（　　）的古典名曲。

A.山间流水　　B.禽鸟之声　　C.林间蝉噪　　D.田野蛙鸣

2.安溪乌龙茶艺的（　　）相似于传统程序“关公巡城”。

A.“观音出海”　　B.“点水流香”　　C.“悬壶高冲”　　D.“沐淋瓯杯”

3.品茗焚香时主要配合（　　）选择香品。

A.茶叶、时空　　B.茶叶、场合　　C.茶叶、客人　　D.茶叶、茶具

4.安溪乌龙茶艺的程序共为（　　）。

A.十二道　　B.十六道　　C.十道　　D.八道

5.安溪乌龙茶艺品茶使用的茶具是（　　）。

A.玻璃杯　　B.紫砂杯　　C.小瓷杯　　D.陶土杯

6.炉、壶、瓯杯、托盘被称为（　　）。

A.“文房四宝”　　B.“画室四宝”　　C.“茶室四宝”　　D.“禅房四宝”

7.乌龙茶艺“三龙护鼎”指（　　）。

A. 持杯方法　　B. 持壶方法　　C. 扦样方法　　D. 持夹方法

8. 唐代诗人卢仝作有一首著名茶诗是（　　）。

A.《谢尚书惠蜡面茶》　　B.《走笔谢孟柬议寄新茶》

C.《喜得建茶》　　D.《谢人惠茶》

9. 茶道中的道具"茶杓"主要用于（　　）。

A. 撒茶叶　　B. 搅拌茶水　　C. 喝茶　　D. 装茶叶

10. 在茶叶不同类型的滋味中，（　　）型的代表茶是武夷岩茶、南安石亭绿等。

A. 清醇　　B. 甜醇　　C. 浓厚　　D. 浓醇

11. 乌龙茶类中（　　）叶底不显"绿叶红镶边"。

A. 武夷水仙　　B. 安溪铁观音　　C. 广东色种　　D. 白毫乌龙

12. 乌龙茶类中的武夷岩茶的茶汤色泽为（　　）型。

A. 金黄　　B. 橙黄　　C. 绿亮　　D. 鲜绿

13. 乌龙茶属青茶类，为半发酵茶，其茶叶呈深绿或青褐色，茶汤呈密绿或（　　）色。

A. 绿　　B. 浅绿　　C. 黄绿　　D. 密黄

14. "香气馥郁持久，汤色金黄，滋味醇厚甘鲜，入口回甘带蜜味"是（　　）的品质特点。

A. 安溪铁观音　　B. 云南普洱茶　　C. 祁门红茶　　D. 太平猴魁

15. 福建、广东地区，人们小杯品啜乌龙茶，通常喜欢选用（　　）。

A. 盖瓷杯　　B. 白瓷杯　　C. 盖茶碗　　D. 烹茶四宝

任务八

红茶

案例导入

近日，一位朋友问茶艺师小王，为什么市面上的果茶和奶茶多用红茶作为茶底？用红茶作为茶底的优点是什么？

小王告知朋友，之所以常选用红茶做茶底，是因为红茶作为全发酵茶，香气甜，滋味甜醇，用来做调饮的茶底，具有更高的包容性和融合度。小王也向朋友进一步解释，随着我国茶叶消费的推广和普及，消费者对茶叶的认知更广，接受度更高；很多售卖调饮茶的企业和店铺，已经在进行茶底创新，也选用了红茶以外的其他茶类作为调饮茶茶底；但是不可否认，红茶仍然是使用最广泛的调饮茶茶底。

实训目标

1. 了解红茶加工程序，掌握红茶分类标准，能辨识常见红茶和典型名优红茶；

2. 能根据实际场合的需求和红茶茶品特点，选择合适的器具，掌握茶水比、水温和冲泡时间，并完成冲泡。

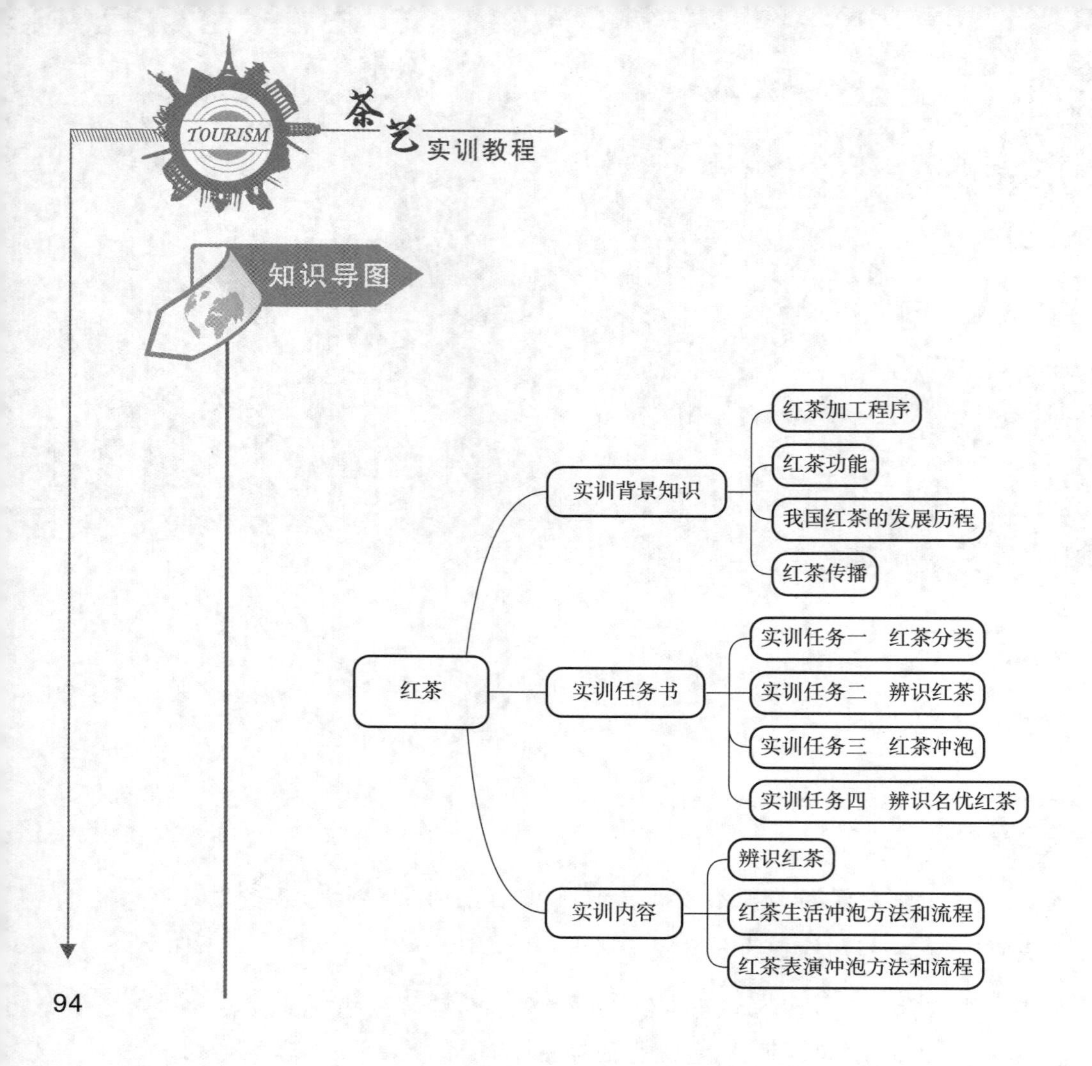

一、实训背景知识

（一）红茶加工程序

不同地区的红茶加工方式会有一定的差异，但是主要的加工程序可归纳为以下核心步骤：萎凋、揉捻（或揉切）、发酵和干燥。萎凋分为室内加温萎凋和室外日光萎凋两种。发酵，俗称“发汗”，是全发酵红茶制作工艺中最为重要的一个环节。在过去的红茶制作中，发酵是指将揉捻好的茶胚装在篮子里，稍加压紧后，盖上温水浸过的发酵布，以增加发酵叶的温度和湿度，促进酵素活动，缩短发酵时间，一般5~6小时后，叶脉呈红褐色，即可上焙烘干。发酵的目的是使茶叶中的多酚类物质在酶的促进作用下发生氧化，使绿色的茶坯产生“红变”。

（二）红茶功能

红茶含有维生素、咖啡因、氨基酸、矿物质、多糖、茶多酚等多种成分，适宜日常冲泡饮用。

红茶为全发酵茶，具有较为丰富的茶色素；红茶中的茶色素具有抗氧化、抗肿瘤、抗炎抑菌、抗突变、抗病毒、除臭等多种功效。红茶中富含的黄酮类化合物能消除自由基，具有抗酸化作用，有利于降低心肌梗塞的发病率。红茶气味芳香，滋味甜醇，冬天加入黑糖、生姜片趁热饮用味道更好。

（三）我国红茶的发展历程

世界上最早的红茶由中国明朝时期福建武夷山茶区的茶农发明，名为“正山小种”。红茶是在绿茶、黑茶和白茶的基础上发展而来的，其发展历程大致可以归纳为四个阶段，如表8-1所示。

表8-1　我国红茶的发展历程

阶段	简介
起源时期	红茶最早始于福建崇安的小种红茶，清雍正年间，崇安知县刘靖在《片刻余闲集》中写道：“山之第九曲尽处有星村镇，为行家萃聚所。外有本省邵武，江西广信等处所产之茶，黑色红汤，土名江西乌，皆私售于星村各行。”
清朝末期	星村镇的红茶是“正山小种”，此外还有“外山小种”。后来演变产生了工夫红茶。1875年，安徽黟县有个名叫余干臣的人，在福建罢官回原籍经商，因见红茶畅销多利，便在至德县（现东至县）尧渡街设立红茶庄，仿制福建红茶制法成功，创制了祁门工夫红茶。此后祁门工夫红茶产地不断扩大，产量不断提高，声誉越来越高，在国际红茶市场上引起热销。后来，各地工夫红茶品种都陆续增多
中华人民共和国成立前后	20世纪20年代，印度、斯里兰卡等国将茶叶切碎加工成红碎茶，我国于20世纪50年代也开始试制红碎茶
现代发展时期	随着科学技术的进步和茶叶产业的发展，红茶的加工技术得到了进一步改良和提升。现代生产工艺使得红茶更具多样性和创新性，涌现出了许多新品种和新口味，比如调饮红茶

（四）红茶传播

英国有一首民谣是这样描述下午茶的："当时钟敲响四下，世上一切瞬间为茶而停了。"可见下午茶在英国人生活中的重要地位。

故事时间背景设定在1912年到1926年的电视剧《唐顿庄园》，描述的是英国乡村的贵族庄园生活，电视剧里，主人餐后必有茶席。

1610年，荷兰东印度公司的海船来到了中国澳门，成了第一个把红茶从东方运输到欧洲的公司。红茶漂洋过海，经历长时间的运输，以及海上的海浪和海盗等风险，来到欧洲，价格自然不菲，成为只有富豪和贵族才能享用的饮品。

1637年，看到巨大利益的英国商人，亲自驾驶帆船来到广州，将红茶带回到了英国。这是英国第一次从中国贩运茶叶。

1662年，英国的查理二世娶了葡萄牙公主凯瑟琳，公主把红茶作为嫁妆，并与皇室及贵族的夫人们分享中国的红茶，进行夫人外交。期间，还有一个传说，据说葡萄牙公主凯瑟琳在婚宴上举起一杯神秘的"红汁液"，引起了法国皇后的关注。在此之前，法国皇后眼中的凯瑟琳是个"肥婆"，但是在这个婚礼上，她却看起来苗条秀丽。法国皇后就派出侍卫官去打探消息，结果发现这种神秘的"红汁液"是红茶，来自中国。

1664年，英国东印度公司在中国澳门设立办事处，专门进行中国茶叶的采买事宜。

1689年，中国的红茶被直接通过海运送到英国。背后的故事是，英国占了当时茶叶消费很大的份额，因而英国人越来越不满荷兰东印度公司垄断所有红茶贸易，便向荷兰发动了战争。英国取得战争胜利后，夺取了荷兰在亚洲的贸易权，从1689年开始，中国的红茶被直接通过海运送到英国。据史料记载，英国人和荷兰人的这场战争，应该是世界历史上为了茶叶打的第一仗。以后的鸦片战争和美国的独立战争，其实都和茶叶有一定的关系。

在1833年，随着东印度公司贸易垄断权的取消，总督上书当时的英国政府，亲自选了13个人为委员，加紧研究中国茶在印度试验种植的可能性。19世纪中期，英国殖民统治下的印度开始大规模种植和生产红茶，如阿萨姆、达尔杜里等品种。19世纪末，斯里兰卡开始将咖啡园改为茶园，并开发出了口感浓郁且具有柑橘香气的锡兰红茶。

“英式下午茶”这一称谓的正式发明是在19世纪40年代。当时，英国贝德芙公爵夫人安娜女士，每到下午，距离穿着正式的晚餐还有段时间，又感觉肚子有点饿，就让女仆准备几片烤面包、奶油和茶；再邀请几位知心好友，同享轻松惬意午后时光。后来这种喝茶方式在当时贵族社交圈蔚然成风，名媛淑女争相效仿。直到今天，已形成一种优雅自在的下午茶文化，这也是所谓的“维多利亚下午茶”的由来。

红茶作为中国六大茶类的代表之一，在传播到世界各地后，与当地的文化融合，并成为人们生活中不可或缺的一部分。

二、实训任务书

实训任务一　红茶分类

实训日期：　　年　　月　　日

分类依据	分类	每个类别的名优红茶(需注明具体产地)

实训心得：

说明：请根据实训要求，记录实训要点、相关概念和专有名词。

实训任务二　辨识红茶

根据课堂提供的茶样，完成以下实训表格。

实训日期：　　年　　月　　日

茶样	所属红茶类别	品名(需注明具体产地)

实训心得：

说明：请根据实训要求，记录实训要点、相关概念和专有名词。

实训任务三　红茶冲泡

实训日期：　　年　　月　　日

实训流程	需要准备的茶具	冲泡流程	冲泡技巧(如投茶量、冲泡时间、水温)
红茶生活冲泡			
红茶表演冲泡			

实训心得：

说明：请根据实训要求，记录实训要点、相关概念和专有名词。

实训任务四　辨识名优红茶

该实训任务供学生选择性完成。

请根据教材资料，并结合个人通过书籍或网络查找的文献资料，课后制作主题为“我国名优红茶”的PPT，并于下次课进行讲解和演示。具体要求如下：

（1）我国名优红茶的名单（5～10款即可）；

（2）每款名优红茶的产地、历史、特点、图片；

（3）每款名优红茶的外形、汤色、香气、滋味等特点。

三、实训内容

（一）辨识红茶

红茶产于中国、印度、斯里兰卡等国。红茶原来是东方人特有的茶饮，后来西传欧洲成为王公贵族们喜爱的茗品。在国际茶叶市场上，红茶的贸易量占世界茶叶总贸易量的90%以上。红茶是以适制茶树的嫩芽或鲜叶为原料，经萎凋、揉捻、发酵、干燥等一系列工艺过程精制而成的茶，红茶素有“红汤红叶”的品质特点，由于经过完全发酵，红茶属性温和，外观呈乌黑油润，或金毫显露，滋味甘醇香甜，爽口味浓。

红茶的加工流程主要包括萎凋、揉捻（或揉切）、发酵和干燥四个步骤，根据加工工艺和品质特征的不同，分为小种红茶、工夫红茶和红碎茶，具体如表8-2所示。

表 8-2　红茶根据加工工艺和品质特征分类

类别	工序说明	茶品特点	常见茶品
小种红茶	萎凋、揉捻、过红锅、复揉、熏焙、复火	外形条索肥实；色泽乌润；汤色红浓；香气高长带松烟香；滋味醇厚带桂圆味	正山小种、外山小种等
工夫红茶	萎凋、揉捻、发酵和干燥	外形条索紧实；色泽乌润；香气浓郁；滋味醇和；汤色红艳明亮	祁红、滇红、宜红、闵红等
红碎茶	萎凋、揉切、发酵和干燥	外形匀整，颗粒紧细；汤色红浓；滋味醇厚	叶茶、碎茶、片茶、末茶等

工夫红茶是我国产量和销售量较大的红茶类别之一，为了更全面认识红茶，按工夫红茶产区再次对红茶进行分类，具体如表 8-3 所示。

表 8-3　按工夫红茶产区对红茶进行分类

产区	特点	常见茶品
安徽省黄山市祁门县	条索细秀有锋苗；色泽乌润；有祁门香；汤色红亮；滋味鲜醇	祁红
云南省滇池	外形肥硕紧实；色泽乌润；金毫显露；香高味浓	滇红（中国红、大金针等）
湖北省宜昌市	条索紧细有金毫；色泽乌润；滋味醇厚鲜爽；有“冷后混”现象	宜红
福建省政和县、福鼎市和福安市	政和工夫：外形紧结肥壮；滋味醇厚 坦洋工夫：外形细长带白毫 白琳工夫：条索紧结纤秀；滋味清鲜甜和	闽红（政和工夫、坦洋工夫 、白琳工夫）
江西省修水县	条索紧结圆直，锋苗挺拔；色乌略红，光润；滋味醇厚	宁红

续表

产区	特点	常见茶品
四川省雅安市和宜宾市	条索紧实修长;色泽乌润;香气独特,伴随果香;滋味浓郁醇和,回甘甜爽	川红
其他产区	外形表现各有特色	越红工夫 台湾工夫 江苏工夫等

（二）红茶生活冲泡方法和流程

红茶是全发酵茶，可以选用多种方法冲泡，红茶可用杯、碗、壶进行冲泡，材质可选用玻璃、陶瓷等。生活中冲泡红茶通常选用盖碗冲泡法。

冲泡流程：温器—置茶—温润泡—冲泡—出汤—分茶—奉茶—品饮—第二次冲泡。

茶水比——1∶20～1∶50。在生活茶艺中，根据茶类、主泡器和品饮者的口味浓淡等，可以对茶水比进行灵活调控。如果品饮者对茶汤浓度接受度较高，可选用1∶20的茶水比；如果品饮者口味较清淡，可选用1∶50的茶水比。

水温——90 ℃～100 ℃。具体需根据现场冲泡的茶叶的级别和类别调控水温。一般的红茶，选用95 ℃以上的水即可；对于原材料比较细嫩的红茶，比如滇红中的大金针、小种红茶中的金骏眉，水温可调低，选用90 ℃左右的水。

冲泡时间——30秒～1分钟，具体时间如表8-4所示。

表8-4　红茶生活冲泡时间

次数	参考时间
第一泡	40～60秒(从温润泡开始计算时间)
第二泡	30～40秒
第三泡	40～50秒
第四泡以后	每增加一泡,时间递增15秒左右

以上只是通常的规律，有时也会因某些红茶茶品的特性和品饮者的特殊口味要求，对冲泡时间进行灵活调整。

（三）红茶表演冲泡方法和流程

红茶可用杯，壶，盖碗进行冲泡，材质可选用陶或瓷等。以小叶种工夫红茶为例，其表演的冲泡方法选用瓷盖碗，品茗杯等进行冲泡，器具内壁均为白色，易于观汤色。

冲泡方法：盖碗冲泡法。

冲泡流程：上场—放盘—行礼—入座—布具—行注目礼—取茶—赏茶—温碗—置茶—润茶—摇香—冲泡—温杯—出汤—分汤—奉茶—收具—行礼—退场。

茶水比——1∶50。

水温——80 ℃～100 ℃。

冲泡时间——1～2分钟。

课后习题

一、判断题（对的请打“√”，错的请打“×”。）

（　　）1.宁红太子茶艺第七道“江山”二字的含义是指水质、茶质。

（　　）2.红茶按加工工艺分为工夫红茶、小种红茶和红碎茶三大类。

（　　）3.红碎茶分为叶茶、碎茶、片茶和末茶。

（　　）4.红茶类属不发酵茶类，其茶叶颜色朱红，茶汤呈橙红色。

（　　）5.品茗焚香时，香案摆放应低于插花。

二、单项选择题（答案是唯一的，多选、错选不得分。）

1.外形特征“细嫩、紧直、有苗峰显”属于特珍（　　）。

A.特级　　　　B.一级

C.二级　　　　D.三级

2.净杯时，要求将水均匀地从茶杯洗过，而且无处不到，宁红太子茶艺将这种洗法称为（　　）。

A.孟臣淋霖　　B.若琛出浴　　C.流云拂月　　D.重洗仙颜

3.根据俄罗斯人对茶饮爱好的特点，茶艺师在服务中可向他们推荐一些（　　）。

A.素食茶点　　B.甜味茶点　　C.荤味茶点　　D.咸味茶点

4.巴基斯坦人饮茶普遍爱好（　　）。

A.牛奶绿茶　　B.冰茶

C.甜味绿茶　　D.牛奶红茶

5.土耳其人喜欢喝（　　），饮茶是土耳其一道颇具特色的生活景观。

A.加香红茶　　B.草莓红茶　　C.苹果红茶　　D.加糖红茶

6.摩洛哥人酷爱饮茶，（　　）是摩洛哥人社交活动中必备的饮料。

A.调味冰茶　　B.甜味绿茶　　C.柠檬红茶　　D.咸味奶茶

7.优质红茶香气的特点是（　　）。

A.馥郁带鲜花香　　B.板栗香和奶油香

C.甜香或焦糖香　　D.清香带海藻味

8.白瓷茶具适宜衬托出红茶的（　　）。

A.红亮汤色　　B.醇厚滋味　　C.甜香　　D.红浓汤色

9.滇红工夫红茶外形的品质特点是（　　）。

A.芽头肥壮，紧实挺直，芽身金黄，满披白毫

B.形似雀舌，匀齐壮实，锋显毫露，色如象牙，鱼叶金黄

C.条索紧结，肥硕雄壮，色泽乌润，金毫特显

D.形似瓜子的单片，自然平展，叶缘微翘，大小均匀，色泽绿中带霜（宝绿）

10.条形紧秀，锋苗好，色泽具有“宝光”是（　　）的品质特点。

A.太平猴魁　　B.祁门红茶　　C.安溪铁观音　　D.云南普洱茶

11.茶叶保存应注意水分的控制，当其水分含量超过5%时，就会（　　）。

A.增进品质　　B.提高香气　　C.加速变质　　D.促进物质转化

12.红茶属于（　　），其叶色深红，茶汤呈朱红色。

A.半发酵茶类　　B.轻发酵茶类　　C.重发酵茶类　　D.全发酵茶类

13.宁红太子茶艺，茶具的摆设形状是（　　）。

A.“大鹏展翅”　　B.“孔雀开屏”　　C.“祥龙盘珠”　　D.“丹凤朝阳”

14.（　　）会影响评茶室空气的纯净度。

A.北面开窗，南面开门　　B.刷油漆时用颜料上色

C.增设气窗　　D.水槽落水不设盛水弯头

15. 红茶的呈味物质、茶褐素使（　　），它的含量增多对品质不利。

A.茶汤发红、叶底暗褐　　B.茶汤红亮、叶底暗褐

C.茶汤发暗、叶底暗褐　　D.茶汤发红、叶底红亮

任务九

黑茶

案例导入

近日，一位朋友问茶艺师小王，为了方便，不想经常去购买茶叶，有没有什么茶适合购买回家后，长期存放，而且不影响茶叶品质。

小王告知朋友，想购买长期存放的茶叶可以选择黑茶，比如黑茶中的普洱茶、六堡茶、茯砖茶等。小王向朋友解释，黑茶是后发酵茶，不但适合长期存放，而且长期存放后，会呈现出更馥郁的香气和醇厚的滋味。

实训目标

1. 了解黑茶加工程序，掌握黑茶分类标准，能辨识常见黑茶和典型名优黑茶；

2. 能根据实际场合的需求和黑茶茶品特点，选择合适的器具，掌握茶水比、水温和冲泡时间，并完成冲泡。

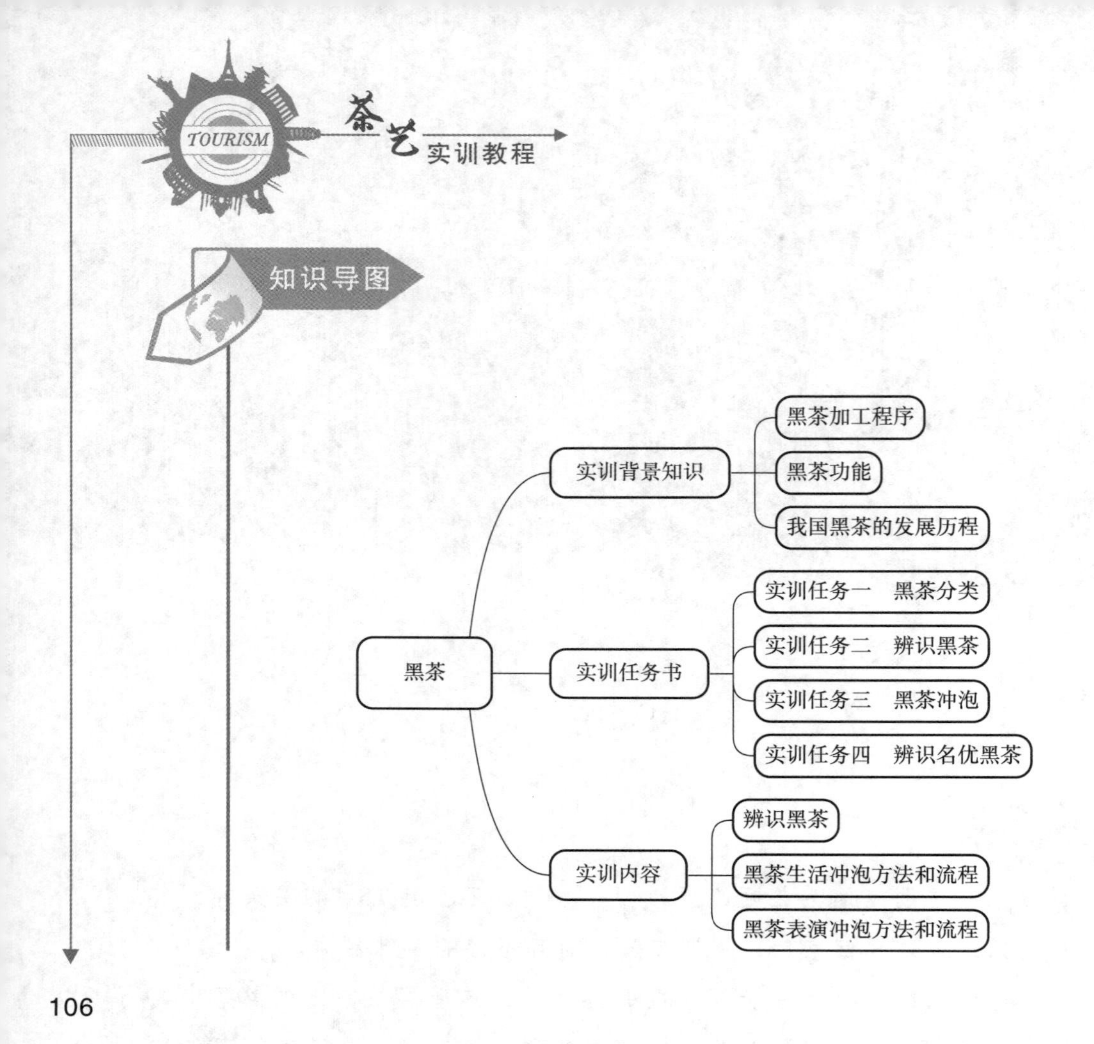

一、实训背景知识

（一）黑茶加工程序

黑茶的基本加工程序包括杀青、揉捻、渥堆、干燥等。其中，渥堆是黑茶品质形成的关键工序。这些都是黑茶的核心工艺流程，但是不同产区的黑茶工艺也会有所区别，具体如表9-1所示。

表9-1　不同产地黑茶加工程序

类别	加工程序
湖南黑茶	杀青—揉捻—渥堆—干燥
湖北老青茶	杀青—初揉—复炒—复揉—渥堆—干燥

续表

类别	加工程序
四川南路边茶	杀青—渥堆—蒸茶—揉捻—拣梗、筛分—晒茶（干燥）
广西六堡茶	杀青—揉捻—渥堆—复揉—干燥
云南普洱茶	杀青—揉捻—晒干（生茶）—渥堆—晾干—筛分

黑茶通常会压制成型，制成紧压茶；紧压茶的再加工包括原料筛分、拼配、压制定型、干燥等工序。

（二）黑茶功能

黑茶属于后发酵茶叶。其发酵与其他茶类的发酵不一样的是，黑茶的发酵过程有微生物参与。所以从中医的角度，黑茶茶性温和，是一种具有养生功效的茶类。其养生功效主要在于以下几点。

1. 调节血糖

黑茶中富含茶多糖，这是一种具有较强控糖作用的物质，因此，黑茶具有调节血糖的作用，糖尿病患者可以适量饮用。

2. 助消化

黑茶后发酵的工艺特点，使其能够有效地改善肠道的运动。黑茶较为温和，能够保护肠道黏膜，促进消化。另外，六堡茶当中含有非常丰富的茶多酚、氨基酸、茶黄素，能够提高人体的新陈代谢，有利于促进脂肪的分解。

3. 解暑祛湿

黑茶中具有丰富的茶褐素，对黑茶汤色和耐泡度都有影响，是黑茶中重要的品质成分和活性成分。在闷热潮湿的气候下饮用，能起到清凉解暑和祛湿的功效。

（三）我国黑茶的发展历程

“黑茶”二字最早见于1524年，前身是16世纪以前由蒸青绿毛茶蒸压而成的“乌茶”。明嘉靖三年，御史陈讲在奏疏中讲道：“以商茶低伪，悉征黑茶。地产有限，仍第为上中二品，印烙篾上，书商名而考之。每十斤蒸晒一篾，运至茶司，官商对分，官茶易马，商茶给卖。”黑茶的发展历程具体如表9-2所示。

表9-2　我国黑茶的发展历程

阶段	简介
起源时期	最初，黑茶被认为起源于唐宋茶马交易，直至1972年，长沙马王堆汉墓一、三号出土有“一笥”竹简，经专家考证，箱内黑色颗粒状实物被确认为安化黑茶。马王堆黑茶的出现把黑茶历史向前推进了九百多年。因此，黑茶距今已有两千多年的历史了
唐宋时期	唐代开始，安化黑茶成为历代朝廷贡茶，并通过茶马古道与周边地区乃至中亚各国进行贸易交流
明清时期	随着历史的进程，安化茶叶逐渐发展起来，形成了独特的黑茶制作工艺。明嘉靖年间，湖南安化采用绿茶湿坯渥堆的方法制作黑茶，这种方法使得茶叶色泽变黑变褐，从而形成了现代黑茶的基本形态。明嘉靖年间，资江下游成为丝绸之路与茶马古道在南方的重要起点。清代黑茶工艺大大提升，问世的“千两茶”，被近代人誉为“世界茶王”。今故宫仅存的一支“千两茶”已成为无价之宝。清末，安化茶叶名驰天下，茶叶产业盛况空前
近现代时期	中华人民共和国成立前，由于战争等原因，黑茶发展较为缓慢。中华人民共和国成立后，黑茶产业得到了全面的规范化发展，茶叶生产迅速恢复。广西六堡茶制作技艺经国务院批准，被列入第四批国家级非物质文化遗产扩展项目名录

在黑茶的发展历程中，有不少关于全国各地黑茶的文化典故。虽然不少文化典故并非正史，仅是民间传说，但这也是黑茶文化的重要构成部分。黑茶的一些文化典故具体如表9-3所示。

表9-3 黑茶的文化典故

茶品	文化典故
四川边茶	四川黑茶起源于四川省,其年代可追溯到唐宋时茶马交易中早期。茶马交易的茶是从绿茶开始的。当时茶马交易茶的集散地为四川雅安和陕西的汉中,从雅安出发,人背马驮抵达西藏有2~3个月的路程,由于当时没有遮阳避雨的工具,雨天茶叶常被淋湿,天晴时茶又被晒干,这种干、湿互变过程使茶叶在微生物的作用下进行了发酵,使茶品相对于起运时发生了很大变化,因此,“黑茶是马背上形成的”这一说法是有其道理的。后来,人们就在初制或精制过程中增加了一道渥堆工序,于是就产生了黑茶
湖南黑茶	西汉时期,张骞出使西域后,东西之间的交往日益频繁。一次,汉朝的商队无意中用被雨淋后未晾干导致“发霉”的茶叶做药,使两个患“积食”病的蒙古族牧民起死回生。被问及何种灵丹妙药时,班超答曰:此乃楚地运来的茶叶
广西六堡茶	清康熙三十六年(1697年)版《苍梧县志》记载:“茶产多贤乡六堡,味醇隔宿而不变,茶色香味俱佳。”《广西通志稿》记载:“六堡茶在苍梧,茶叶出产之盛,以多贤乡之六堡及五堡为最,六堡尤为著名,畅销于穗、佛、港、澳等埠。”在清朝嘉庆年间(1796—1820年),六堡茶以其特殊的槟榔香味声名鹊起,被列为当时全国24个名茶之一。传统六堡茶是箩装紧压茶,六堡镇的恭州村茶和黑石村茶品质最佳。过去由于陆路交通不发达,六堡茶只能通过水路运往广州。广东茶商在六堡镇的合口街设点收购六堡茶毛茶并炊蒸踩箩,然后从合口码头用小船装运至梨埠,再装大木船运到封开,之后装上电船沿西江运到广州,最后再出口到中国香港和吉隆坡等地,“茶船古道”之名因此而来

二、实训任务书

实训任务一 黑茶分类

实训日期: 年 月 日

分类依据	分类	每个类别的名优黑茶(需注明具体产地)

续表

分类依据	分类	每个类别的名优黑茶(需注明具体产地)

实训心得:

说明:请根据实训要求,记录实训要点、相关概念和专有名词。

实训任务二　辨识黑茶

根据课堂提供的茶样，完成以下实训表格。

实训日期:　　　年　　月　　日

茶样	所属黑茶类别	品名(需注明具体产地)

实训心得:

说明:请根据实训要求,记录实训要点、相关概念和专有名词。

实训任务三　黑茶冲泡

实训日期：　　年　　月　　日

实训流程	需要准备的茶具	冲泡流程	冲泡技巧（如投茶量、冲泡时间、水温）
黑茶生活冲泡			
黑茶表演冲泡			

实训心得：

说明：请根据实训要求，记录实训要点、相关概念和专有名词。

实训任务四　辨识名优黑茶

该实训任务供学生选择性完成。

请根据教材资料，并结合个人通过书籍或网络查找的文献资料，课后制作主题为“我国名优黑茶”的PPT，并于下次课进行讲解和演示。具体要求如下：

（1）我国名优黑茶的名单（5～10款即可）；

（2）每款名优黑茶的产地、历史、特点、图片；

（3）每款名优黑茶的外形、汤色、香气、滋味等特点。

三、实训内容

（一）辨识黑茶

黑茶属于后发酵茶，是我国特有的茶类。黑茶的主产区集中在湖南、云南、湖北、四川、广西等地，因各地原料特征各异或长期积累的加工习惯等差异，形成各自独特的产品形式和品质特征。在过去，黑茶主销西藏、青海、新疆等边疆地区，发展到现在，已成为全国范围内品饮者较多的茶类之一。

制作黑茶的原材料一般比较粗老，而且由于黑茶制作过程中往往堆积发酵时间较长，因而叶色以黑褐色为主，也有一些棕褐色的，茶汤多为橙红、深红色。黑茶有独特的陈香，口感多醇厚，叶底常常呈现出棕褐色。

黑茶——中华人民共和国国家标准（GB/T 32719.1—2016）第1部分“基本要求”中规定黑茶的范围是：“本部分适用于以茶树[*Cameiiia sinensts*（L.）O. Kuntze]鲜叶和嫩梢为原料，经杀青、揉捻、渥堆、干燥等加工工艺制成的黑毛茶及以此为原料加工的各种精制茶和再加工茶产品。”

该标准规定了花卷茶、湘尖茶和六堡茶的术语、定义、产品与实物标准样、要求、检验方法、检验规则、标志标签、包装、运输、贮存和保质期。虽然该标准的第2、3、4部分分别是花卷茶、湘尖茶和六堡茶，但并不是说黑茶只包含花卷茶、湘尖茶和六堡茶。

茶叶分类——中华人民共和国国家标准（GB/T 30766—2014）中，明确按照产地将黑茶分为湖南黑茶、四川黑茶、湖北黑茶、广西黑茶、云南黑茶、其他黑茶六大类，具体如表9-4所示。

表9-4　黑茶产地分类

类别	茶品特点	常见茶品
湖南黑茶	湖南黑茶成品有“三尖”“四砖”“花卷”系列之称。“三尖”指湘尖一号、湘尖二号、湘尖三号，“四砖”指黑砖、花砖、青砖和茯砖，“花卷”系列包括千两茶、百两茶、十两茶。 湖南黑茶外形有紧压茶也有散茶，干茶通常是黑褐色；汤色橙黄、橙红或红褐；香气纯正；滋味醇厚	茯砖 千两茶 天尖
四川黑茶	四川黑茶在不同时期有不同名称，元朝时期称为“西番茶”，明朝时期称为“乌茶”，到现代四川边茶又被称为“藏茶”。 干茶棕褐或黄褐；汤色橙红或红亮；香气纯正；滋味醇和	康砖 金尖 方包
湖北黑茶	湖北黑茶是湖北出产的青砖茶的总称，以老青茶作原料，经压制而成青砖茶。干茶青褐；汤色红黄；香气纯正；滋味醇厚；叶底暗黑粗老	青砖

续表

类别	茶品特点	常见茶品
广西黑茶	清嘉庆年间，六堡茶以独特的槟榔香味入选中国24个名茶之列。具有“红、浓、陈、醇”的特点。条索黑褐油润；汤色红艳明亮；香气陈香，有槟榔或松烟味；汤感醇厚，回味甘甜	六堡茶 社前茶
云南黑茶	以云南省一定区域内的云南大叶种晒青毛茶为原料，经过后发酵加工成的散茶和紧压茶，按发酵方式不同可分为生茶和熟茶。随着存放时间的增长，生茶汤色从绿黄、黄绿到橙黄或橙红，香气清香，滋味浓强回甘，叶底通常为黄绿色或褐色；熟茶外形棕褐或黑褐，汤色红浓明亮，陈香，滋味醇厚，叶底通常为棕褐或黑褐色	生普 熟普
其他黑茶	历史上主要作为边销茶销往边疆的陕西泾阳茯砖茶，色泽黑褐油润，汤色红浓，陈香，滋味醇厚	泾阳茯砖茶

（二）黑茶生活冲泡方法和流程

在日常生活中，无论是在工作场合，还是在家待客，冲泡黑茶，尤其是冲泡普洱茶是待客最常见的形式之一。冲泡黑茶常可以选用盖碗冲泡或者壶泡。

冲泡方法：盖碗冲泡法、壶泡法等。

冲泡流程：温器—置茶—温润泡—冲泡—出汤—分茶—奉茶—品饮—第二次冲泡。

茶水比——1∶20~1∶40。在生活冲泡中，根据茶类、主泡器和品饮者的口味浓淡等，可以将茶水比进行灵活调控。如果品饮者对茶汤浓度接受度较高，可选用1∶20的茶水比；如果品饮者口味较清淡，可选用1∶40的茶水比。

水温——90 ℃~100 ℃。黑茶属于后发酵茶，且通常原材料较粗老，所以冲泡通常使用100 ℃的沸水，以确保茶叶中的风味成分充分释放；对于存放时间较长的老黑茶，更高的水温更有利于呈现其独特的风味。普洱茶的分类中，还包括了生茶，对于生茶，如果原材料较嫩，为了更好地呈现其香气，水温可适当调低，选用90 ℃左右的水温。

冲泡时间——30秒～1分钟，具体时间如表9-5所示。

表9-5　黑茶生活冲泡时间

次数	参考时间
第一泡	30～60秒（从温润泡开始计算时间）
第二泡	15～30秒
第三泡	30～40秒
第四泡以后	每增加一泡，时间递增15秒左右

以上只是通常的规律，但是也会因某些黑茶茶品的特性和品饮者的特殊口味要求，对冲泡时间进行灵活调整。黑茶多为紧压茶，冲泡时间可以适当延长；尤其是黑茶紧压茶的第一泡冲泡时间，通常需要1分钟以上。

（三）黑茶表演冲泡方法和流程

黑茶的表演冲泡可用盖碗或壶进行冲泡，材质通常选用陶或瓷；为了更好展现黑茶的韵味，通常选用陶壶进行冲泡。

冲泡方法：壶泡法。

冲泡流程：上场—放盘—行礼—入座—布具—行注目礼—取茶—赏茶—温杯—置茶—润茶—摇香—冲泡—奉茶—收具—行礼—退场。

茶水比——1：20。

水温——90 ℃～100 ℃。

冲泡时间——1～2分钟。

课后习题

一、判断题（对的请打“√”，错的请打“×”。）

（　　）1.冠突曲霉是砖茶中有益的霉菌。

（　　）2.黑茶中的普洱茶主产自云南。

（　　）3.广西六堡茶具有“红、浓、陈、醇”等特点。

（　　）4.金尖是湖南黑茶“三尖”中的名品。

（　　）5.宋代饮茶方法主要是煮茶。

二、单项选择题（答案是唯一的，多选、错选不得分。）

1.滋味甘醇爽口，带有独特清凉感和槟榔味的是（　　）。

A.茯砖茶　B.六堡茶　C.青砖茶　D.黑砖茶

2.茶叶中的多酚类物质主要是由（　　）、黄酮类化合物、花青素和酚酸组成。

A.叶绿素　B.茶黄素　C.茶红素　D.儿茶素

3.（　　）具有陈香的特点。

A.黑茶　B.绿茶　C.红茶　D.黄茶

4.“千两茶”主产自（　　）。

A.湖南　B.云南　C.四川　D.贵州

5.“条索粗壮肥大，色泽乌润或褐红”是（　　）的品质特点。

A.太平猴魁　B.祁门红茶　C.安溪铁观音　D.云南普洱茶

6.黑茶按加工法和形状不同分为（　　）两大类。

A.散装和压制　B.条型和片型　C.块状和末状　D.细碎和长条

7.体力劳动者常选用（　　）泡茶，大口急饮。

A.茶杯　B.茶壶　C.茶碗　D.茶盅

8.在味觉的感受中，舌头各部位的味蕾对不同滋味的感受不一样，（　　）易感受鲜味。

A.舌尖　B.舌心　C.舌根　D.舌两侧

9.收购毛茶的质量标准称为（　　）。

A.茶叶标准样　B.毛茶标准样　C.加工标准样　D.贸易标准样

10.以下为陈茶特征的是（　　）。

A.滋味鲜爽，香气高扬，叶底芽叶不开展，色泽黄暗

B.滋味鲜爽，淡无香味，叶底芽叶不开展，色泽鲜亮

C.滋味陈滞，淡无香味，叶底芽叶舒展，色泽黄暗

D.滋味陈滞，淡无香味，叶底芽叶不开展，色泽黄暗

11.有较浓的堆味，是经过洒水增湿增温的渥堆工艺做成的（　　）。

A.红茶　　B.黑茶　　C.黄茶　　D.白茶

12.不同种类的茶叶中维生素含量不同，其中含量最高的茶类是（　　）。

A.乌龙茶　　B.红茶　　C.绿茶　　D.黑茶

13.云南普洱茶选用优良的云南大叶种，其（　　）。

A.全身披白毫，含而不露，色泽苍绿匀润

B.条形紧秀、锋苗好、色有“宝光”和香气浓郁

C.外形条索粗壮肥大，色泽褐润或褐红，有独特的陈香，滋味醇厚回甜

D.汤色红艳丽明亮，香气甜香，滋味醇厚

14.不同的茶叶具有不同的香气，黑茶带有（　　）。

A.板栗香　　B.兰花香　　C.陈香　　D.蜜糖香

15.黑茶正常的汤色审评术语有（　　）。

A.黄绿明亮　　B.红艳明亮　　C.冷后浑　　D.浅黄明亮

任务十

中式调饮

案例导入

近日，一位朋友问茶艺师小王，某品牌的奶茶，为什么选用的调饮茶底除了红茶和茉莉花茶，还有大红袍、肉桂等？

小王告知朋友，过去之所以常选用红茶做茶底，是因为红茶作为全发酵茶，香气甜，滋味甜醇，用来做调饮的茶底，具有很好的包容性和融合度。小王向朋友进一步解释，随着我国茶叶消费的推广和普及，消费者对茶叶的认知更广、接受度更高，很多售卖调饮茶的企业和店铺已经在进行茶底创新，也选用了红茶以外的其他茶类作为调饮茶茶底。选用不同的茶叶作为茶底，可以使调饮茶风味更加丰富。

实训目标

1.了解调饮师这一职业定义和工作任务，理解中式调饮的原则，掌握中式调饮的流程标准；

2.能根据六大茶类的汤色、香气和滋味等特点搭配与之相适应的、应季的配料，完成奶茶和果茶的制作。

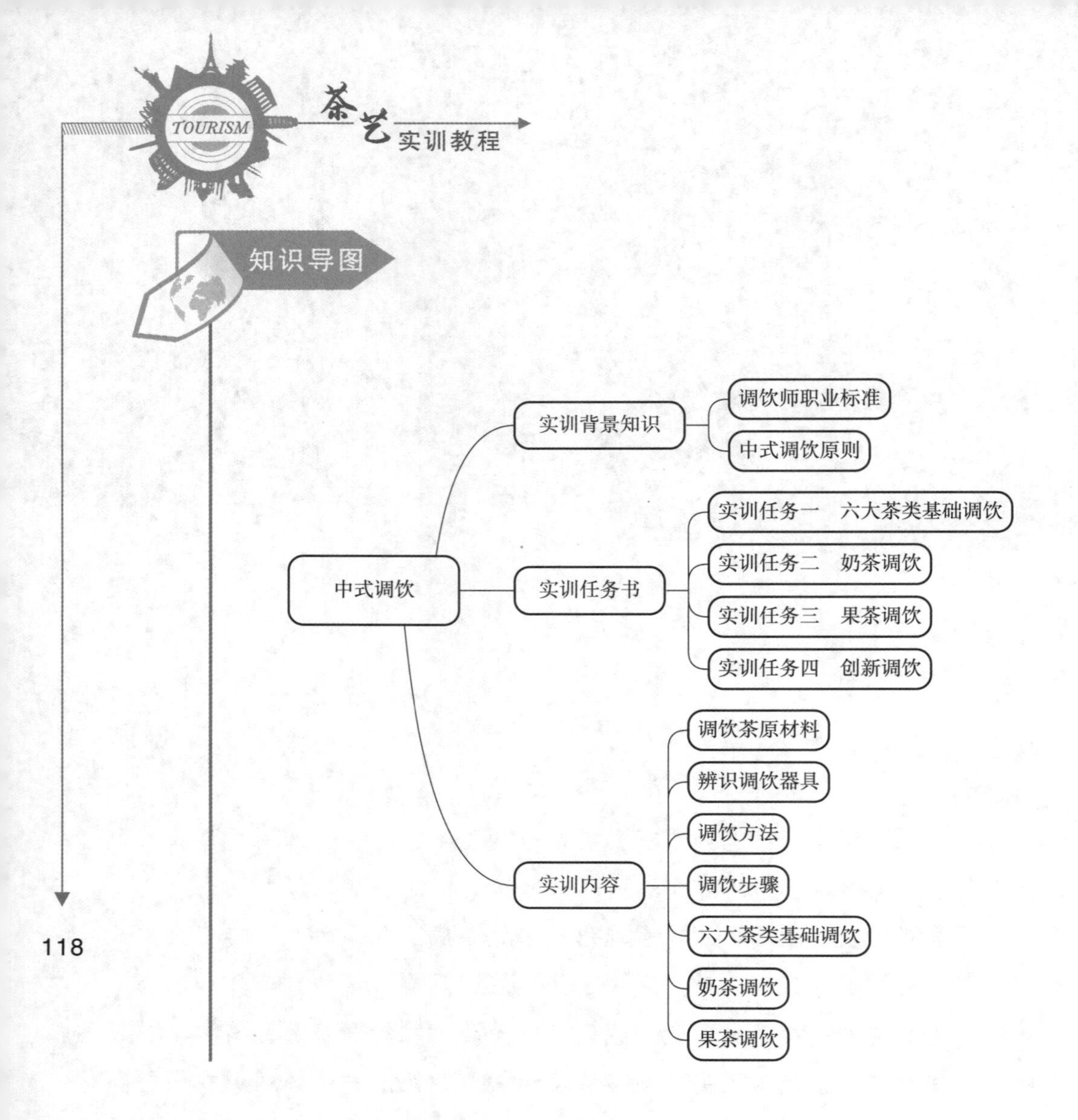

一、实训背景知识

（一）调饮师职业标准

近年来，新中式茶饮迎来了飞速发展的阶段，街头巷尾的饮品店呈爆发性增长，随之而生的新职业——调饮师，也逐渐成为年轻人青睐的选择。调饮师是一个机遇与挑战并存的新职业。中式调饮的基础是传统中国茶，需要从业者首先对传统茶文化有一定的积累和理解，在继承传统茶文化的同时，运用科技手段推陈出新，不断创造出符合当下饮茶趋势的新产品。

2021年3月，中华人民共和国人力资源和社会保障部联合国家市场监管总局、国家统计局向社会发布了包括调饮师在内的18个新职业。调饮师是中华全国供销合作总社职业技能鉴定指导中心向国家申报的新职业。自职业公布后，相关部门就开展了调饮师职业标准相关文件的修订，并进行了编写培训教材、考核大纲、题库等一系列工作。

新职业往往代表着更广阔的市场，有未来、有前景。为了促进“调饮师”新职业的健康发展，相关管理部门既要做好支持，也要做好管理，这就离不开健全完善的行业标准和从业规范。2023年9月，中华人民共和国人力资源和社会保障部公布了调饮师——国家职业标准（2023年版），将“调饮师”这一职业定义为——在饮品店、餐厅等服务场所，以茶、果品、蔬菜、乳制品等食材为原料，设计、调配、制作口味多元化调制饮品并进行销售及调制展示的人员。由定义可看出，茶是调饮中使用到的原材料构成之一。

此外，该标准从职业概况、基本要求、工作要求、权重表等四个方面对调饮师从业人员的职业活动内容做了规范细致的描述，对各等级从业者的技能水平和理论知识水平进行了明确规定。该标准将调饮师设为五个等级，分别为五级/初级工、四级/中级工、三级/高级工、二级/技师、一级/高级技师。自此，调饮师正式成为可以考职业技能等级证书的新职业。

该标准紧贴“调饮师”职业岗位技术技能发展水平，对调饮从业人员的理论知识和技能要求提出了综合性水平规定，是开展“调饮师”职业教育培训和人才技能鉴定评价的基本依据，对促进调饮相关领域从业人员素质提升、调饮相关产业升级以及行业发展产生深远影响。

（二）中式调饮原则

中式调饮产品面市后，受到以“90后”和“00后”为主流群体的消费者的喜爱；究其原因，相较传统茶的冲泡方式，年轻人更喜欢口感、色彩和造型更丰富的调饮茶。相比传统的“清饮”，调饮茶原材料更为丰富多样，多种多样的原材料掺和在一起，更讲究营养、色彩、香气、滋味的科学搭配。中式调饮应遵循以下几点原则。

1. 协调性

通过后文的调饮茶现制评分可看出，协调性包括了香气的协调性和口感的协调性。红茶为全发酵茶，其典型的香气特点之一是甜香，滋味特点是甜醇，如果搭配牛奶或玫瑰花等，则在口感和香气上均能协调融合，互相提升。

2. 创意性

从调饮茶现制评分可看出，创意性可凸显在主题设计的创意和造型设计的创意上。主题创意，能赋予调饮茶更深的文化底蕴；而造型设计上的创意，不仅能凸显主题，更能吸引品饮者和观赏者的兴趣。

3. 科学性

科学性可体现在配方设计、操作流程及调饮手法上。操作流程和手法的科学性不仅能确保调饮茶快速出品，更能提升调饮茶制作过程的观赏性。

4. 健康性

茶本来就是一款健康饮品，而以茶为基底的调饮茶更应在搭配了丰富的其他原材料后，提升其营养性，促进人体各类营养元素的吸收。

5. 美观性

美观性既体现在调饮师的动作上，也体现在调饮茶色彩、造型的设计上。调饮茶以茶为基底，加入了更丰富的原材料后，色彩会更为丰富美观；在使用各种造型的载杯进行出品造型设计后，则具有了更现代的美感。

表10-1是“第五届全国茶业职业技能竞赛茶艺竞赛总决赛”调饮茶现制评分表，学习者可通过研读评分细则，思考以上原则在调饮茶中如何体现。

表10-1 "第五届全国茶业职业技能竞赛茶艺竞赛总决赛"调饮茶现制评分表

项目	分值分配	要求和评分标准	扣分标准	扣分	得分
创意 20分	10分	主题突出、立意新颖	(1)主题明显,创意稍不足,扣2分; (2)主题尚突出,尚有创意,扣5分; (3)主题不突出,创意感弱,扣8分; (4)其他因素扣分		
	10分	配方设计方法科学合理、符合食品卫生健康安全标准	(1)设计配方有1处不合理,扣1分; (2)设计配方有2处不合理,扣2分; (3)设计配方有3处不合理,扣3分; (4)设计配方有4处及以上不合理,扣4分; (5)其他因素扣分		
操作 15分	3分	仪容、神态自然端庄,站姿、坐姿、行姿大方,礼仪规范	(1)发型欠自然得体,妆容过浓,衣着服饰操作时不便,扣0.5分; (2)动作、手势、姿态不端正,奉茶礼仪欠规范,扣0.5分; (3)其他因素扣分		
	8分	程序合理,动作自然,调饮过程完整、流畅	(1)调饮程序欠合理,欠流畅,扣1分; (2)调饮程序混乱,扣2分; (3)调饮姿势矫揉造作,不自然,扣1分; (4)其他因素扣分		
	4分	操作台面保持干净、整洁;器具摆放位置合理、符合调饮操作要求	(1)调饮原料使用完毕未复归原位,扣0.5分; (2)调制器具摆位影响操作的顺畅,扣0.5分; (3)调饮器具欠干净、整洁,扣1分; (4)其他因素扣分		
品质 60分	15分	香气舒适,协调性好	(1)香气尚协调,较舒适,扣1分; (2)香气欠协调,欠舒适,扣3分; (3)香气不协调,不舒适,扣5分; (4)其他因素扣分		

续表

项目	分值分配	要求和评分标准	扣分标准	扣分	得分
品质 60分	25分	口感丰富、协调,有茶味	(1)口感协调,茶味稍弱,扣2分; (2)口感协调性一般,茶味较弱,扣5分; (3)刺激性强,过淡过浓,协调性弱,无茶味,扣8分; (4)其他因素扣分		
	10分	色彩搭配合理、美观	(1)色彩搭配欠合理,扣2分; (2)色彩搭配不合理,视觉感受不佳,扣3分; (3)其他因素扣分		
	10分	造型设计有创意,具有一定的观赏性	(1)造型尚可尚有创意,整体风格与主题创意欠符,扣2分; (2)造型无新意,整体风格与主题创意不相符,扣4分; (3)其他因素扣分		
时间 5分	5分	不超过20分钟(含奉茶和收具时间)	(1)超过时间在3分钟(含)以内,扣1分; (2)超过时间在3分钟以上,扣2分; (3)其他因素扣分		

二、实训任务书

实训任务一　六大茶类基础调饮

根据课堂提供的茶样，完成以下实训表格。

实训日期:　　　年　　月　　日

茶类	茶名	清饮滋味	加冰、加糖后的滋味变化	加冰、加糖、加柠檬后的滋味变化
绿茶				
白茶				

续表

茶类	茶名	清饮滋味	加冰、加糖后的滋味变化	加冰、加糖、加柠檬后的滋味变化
黄茶				
青茶				
红茶				
黑茶				
花茶				

实训心得：

说明：请根据实训要求，记录实训要点、相关概念和专有名词。

实训任务二　奶茶调饮

根据课堂提供的茶样，完成以下实训表格。

实训日期：　　年　　月　　日

饮品制作	原料	步骤	热饮口味特点	冷饮口味特点
红茶奶茶				
青茶奶茶				
黑茶奶茶				
花茶奶茶				

实训心得：

说明：请根据实训要求，记录实训要点、相关概念和专有名词。

实训任务三　果茶调饮

根据课堂提供的茶样，完成以下实训表格。

实训日期：　　年　　月　　日

饮品制作	饮品名称	原料	步骤	色彩特点	香气特点	滋味特点
绿茶果茶						
白茶果茶						
黄茶果茶						
青茶果茶						
红茶果茶						
黑茶果茶						
花茶果茶						

实训心得：

说明：请根据实训要求，记录实训要点、相关概念和专有名词。

实训任务四　创新调饮

该实训任务供学生选择性完成。

请学生在学习本实训任务时，选择所在地当季盛产的水果，完成一款果茶调饮；通过创新该饮品配方，推介当地水果。

实训日期：　　年　　月　　日

饮品名称	原料	步骤	色彩特点	香气特点	滋味特点

续表

实训心得：

说明：请根据实训要求，记录实训要点、相关概念和专有名词。

三、实训内容

（一）调饮茶原材料

从中国的饮茶历史来说，调饮法是先于清饮法的，自明朝开始盛行清饮法之前，调饮法一直是中国人饮茶的主要方式。唐代陆羽所著的《茶经·五之煮》中记载，“初沸，则水合量调之以盐味”，其意思是水初沸时，需要根据水量的多少，加入适当的盐调味。由此可见，唐代饮茶是需要加盐调味的。在中国历史上，因朝代、地域、民族的不同，调饮茶里添加的原材料也各有特色。即便发展到现代，调饮茶仍然在一些边疆少数民族地区流行。例如，添加了奶制品的西藏酥油茶和内蒙古奶茶仍然是当地的特色饮品。

“第五届全国茶业职业技能竞赛茶艺竞赛总决赛”技术规程中，对比赛项目“调饮茶现制”的定义是，在中国茶道精神指导下，以茶、奶、水果、蔬菜等天然食材为原料，通过科学配方，设计主题，现场调制一款色、香、味、形俱佳的调饮茶的茶艺比赛形式。并说明调饮茶类型为奶茶类和果蔬茶类两类，比赛所用的茶叶为绿茶、乌龙茶、红茶、白茶、黄茶、黑茶、茉莉花茶。

由以上的“职业标准”和“国赛技术规程”都可得出，茶是中式调饮重要的原材料之一。茶之所以重要，究其原因如下：

一是市场需求多样化。调饮茶以原叶茶为基础，辅以丰富的食材，创造了独特的口感和风味。调饮茶的消费者对于饮料的需求不仅局限于解渴，还注重口感的独特性、丰富性，色彩的美感，香气的多层次等；搭配的食材成为满足这些需求的重要手段。

二是健康意识的提升。随着人们对健康的重视，调饮茶中的营养成分也成为消费者考虑的重要因素之一。调饮原材料的多样化，能够帮助调饮师开发出更多符合健康需求的饮品。

（二）辨识调饮器具

中式调饮在器具上，会兼具使用茶具和调酒器具。以“实用、够用”为原则，围绕泡茶的核心流程，茶具大致被分为煮水器、备茶器、泡茶器、盛汤器、测量器具和其他辅助茶器这几种类型。

1. 煮水器

煮水器用于煮水。在调饮器具中，并未将煮水器列入必备器具清单；但是调饮茶需要用到茶汤，故需要准备煮水器，用于烧水泡茶。

2. 备茶器

备茶器用于备茶。在茶艺中，备茶器包括了茶叶罐、赏茶荷、茶匙和茶则等。在调饮中，既可以全部准备，也可以简单地准备好茶叶罐或茶叶袋用于储存调饮使用的茶叶。

3. 泡茶器

泡茶器用于冲泡茶汤。调饮中使用的泡茶器具可选择传统的茶艺煮泡器，如各种玻璃、陶、瓷壶和盖碗；但是当调饮量较大，茶汤需求量较大时，则需要使用大型的泡茶器具。目前各奶茶店常选择使用大容量的不锈钢保温桶进行闷泡后，再用冰块将茶汤快速降温。

4. 盛汤器

盛汤器用于盛放茶汤。盛汤器一般包括了公道杯和品茗杯；而在调饮中盛汤器则可分为盛放初次冲泡好的茶汤和完成调制的调饮茶汤的容器。

在调饮中，用于盛放调饮前的茶汤器，可以是公道杯或其他大容量的容器。如果调饮量较少，用公道杯即可；如果调饮量较多，则需要用容量较大的玻璃扎壶或塑料壶等。

用于盛放已经完成调制的调饮茶，可以使用载杯或出品杯。最基本的载杯可以直接使用茶具中的直口玻璃杯；为了达到更丰富的造型和视觉效果，则可以使用调酒中使用到的各种载杯，比如马天尼杯、玛格丽特杯、香槟杯等。载杯不仅能影响饮用体验，还能展现调饮茶不同的美感和品质。因此，选择合适的杯子对于调制和享用调饮茶至关重要。

5. 测量器具

测量器具用于精确量取不同液体。如果量取茶汤，需使用容量稍大的量杯，一般有100ml、500ml等选择。用于量取糖浆等，可使用容量较小的盎司杯。

6. 其他辅助茶器

辅助茶器是一个相对的概念，主要是相对于前文中提到的主要的调酒器而言，包括雪克壶、搅拌棒、冰夹、冰铲和温度计等。

表10-2为“第五届全国茶业职业技能竞赛茶艺竞赛总决赛”调饮茶现制竞赛项目的比赛器具清单，以供实训参考。

表10-2 “第五届全国茶业职业技能竞赛茶艺竞赛总决赛”调饮茶现制竞赛项目比赛器具清单

种类	设备名称	规格型号
操作台	操作台	120 cm×52 cm×69.5 cm
用具	喵喵瓶(装果糖用)	900 ml
	电磁炉＋不锈钢锅	16 A
	冰沙机＋冰沙壶、萃茶壶	10 A
	手压咖啡壶	爱乐压
	咖啡手冲架	直径6.5 cm
	不锈钢漏勺	6 mm孔
	手动奶泡器	600 ml

续表

种类	设备名称	规格型号
用具	电子称	2000 g
	量桶(带盖)	2000 ml、5000 ml
	量杯	100 ml、500 ml
	雪克杯	700 ml、1000 ml
	搅拌棒	22寸
	滤茶布	钢柄泡茶袋
	茶桶	10l
	份数盒	不锈钢或塑料 1/6、1/3
	水果夹	7寸
	吧更	32 cm
	咖啡勺	N/A
	冰铲	3号冰铲 27 cm
	捣棒	一体捣棒 26 cm
	砧板+水果刀	42 cm×30 cm / 31.5 cm
	温度计	Tiomo
	毛巾	30 cm×30 cm 2条/人
	PVC手套	S、M、L
	出品杯	9盎司、16盎司
	冰桶	N/A
	烧水壶	N/A
	计时器	N/A
	围裙	N/A
	托盘	N/A
	双层推车	N/A

续表

种类	设备名称	规格型号
食材	奶	鲜奶、淡奶油、奶粉、厚乳、炼乳等
	水果	青柠檬、黄柠檬、香水柠檬、小青桔、橙子、草莓、苹果、梨、奇异果、凤梨、葡萄、芒果、桔子、柚子、石榴、西瓜等
	冰块	食用冰块
	调料	果糖、蔗糖、盐等
	其他	饼干、薄荷叶等
泡茶用水	符合《生活饮用水卫生标准》(GB 5749—2022)	
其他茶具	不限	

（三）调饮方法

根据目前的调饮茶制作，调饮大致可分为摇和法、搅拌法、兑和法和煮饮法。

1. 摇和法

摇和法是调酒方法中最常见的方法，在调酒中又称摇荡法。摇和法是将调饮茶中的原材料装入雪克杯中进行摇和，使这些原材料很好地和茶汤混合。

2. 搅拌法

顾名思义，搅拌法是通过搅拌将茶汤和其他原材料融合在一起。调饮冲，既可以使用电动搅拌棒，也可以使用吧匙进行搅拌。

3. 兑和法

兑和法是将调饮配方中的液体原材料按照分量依次直接倒入载杯中，不需搅拌。这种方法适用于需要进行颜色分层的茶饮，通过控制倒入液体原材料的密度控制颜色分层，一般密度大的先倒入，密度小的后倒入。通过兑和法达到颜色分层，考验的是调饮师的手法。其一，倒入液体的颜色不能混淆，要层次分明；其二，倒入的速度要慢，避免摇晃。为了减少倒入液体时的冲力，防止色层融合，可将吧匙插入杯内，勺背朝上，液体倒在吧勺匙背上，使液体从杯内壁缓缓流下。

4. 煮饮法

煮饮法是将各种原材料根据需要，同时或先后放入容器中进行煮制，例如雪梨白茶的煮饮、陈皮六堡的煮饮等。

（四）调饮步骤

调饮大致可分为以下几个步骤。

1. 泡茶

调饮茶以茶为基底，所以泡茶为调饮茶的重要步骤之一；尤其是在调饮茶做了香气和口味的细节设计后，调饮师还应根据六大茶类的特性，调整泡茶的温度和时间，以呈现更高扬丰富的茶香。对于有温度要求的茶汤，则需要在该步骤做好温度的调整。

2. 备料

备料主要是指除了茶汤以外原材料的准备，例如洗切水果、调制或加热乳品等。

3. 预调

预调是指将调饮茶需要使用到的茶汤和其他原材料调和在一起。调和方法有摇和法、搅拌法、兑和法和煮饮法等。

4. 做型

做型是指将调制好的调饮茶装入挑选好的载杯中，如需做装饰，则做好装饰摆盘等。

（五）六大茶类基础调饮

六大茶类是依据制作工艺和品质特征进行的分类，这些类别的茶叶也会在汤色、香气、滋味等方面呈现出一些共性的品质特征，具体如表10-3所示。

表10-3　六大茶类汤色、香气、滋味的特征

类别	汤色	香气	滋味
绿茶	绿、绿黄、黄绿	嫩香、清香、栗香、花香	鲜爽、鲜浓
白茶	杏色、浅黄、黄	毫香、清香、花香、枣香(煮)	鲜爽、鲜甜
黄茶	杏黄、浅黄、黄	清香、栗香	甜爽、鲜醇
青茶	黄绿、黄、红	清香、花香、果香、甜香	鲜爽、鲜醇、鲜浓、浓厚
红茶	橙黄、橙红、红亮	甜香、果香、松烟香	鲜甜、鲜浓、浓强
黑茶	黄绿、棕黄、棕红、红亮、红褐	陈香、菌香	醇滑、陈醇、醇厚

汤色、香气、滋味这三项因子中，汤色是最容易发生改变的，通常与加入的原材料色彩有关。而香气和滋味这两项因子，是茶调饮中较凸显的特色。例如在表10-1“第五届全国茶业职业技能竞赛茶艺竞赛总决赛”调饮茶现制评分表中，其中一个打分项“口感丰富、协调，有茶味”，分数比例占25%，可见虽然通过加入其他原材料可以改变和提升调饮茶的味道，但打分项中强调“有茶味”，也就是强调调饮中加入的其他原材料不应掩盖茶的香气和原味，而应凸显调饮茶中茶底的本味。六大茶类中，每一类别的滋味，有其明显的共性特点，通过加入其他原材料，可以改变和提升茶底的滋味。

基础的调饮，是在茶中加入冰、糖、柠檬。加入冰是改变茶汤温度；加入糖是改变茶汤甜度；而加入柠檬不仅可以改变茶的酸度，更可以丰富滋味。

（六）奶茶调饮

蒙古高原是游牧民族的故乡，也是奶茶的发源地。蒙古族喝的咸奶茶，多选用的是黑茶里的青砖茶或黑砖茶，且使用锅煮饮。煮咸奶茶的原材料包括黑茶、

奶和盐巴等。我国的新疆、甘肃等地都有煮饮奶茶的习俗。红茶传入英国后，英国人也喜欢在品饮红茶时加糖和奶。茶汤中加入牛奶可以改善茶的口感，使其更加香醇顺滑。红茶中的多酚类物质能够促进肠道对钙的吸收，而牛奶中的钙质则有助于增强骨骼健康，预防骨质疏松症；因而牛奶搭配茶汤，更利于人们的健康。

奶茶在制法上可分为煮饮法和调和法。煮饮法是将茶和奶放入容器中加温熬煮；而调和法则是将分别准备好的茶汤和奶，调和在一起。过去，奶茶店的奶茶主要是选用红茶作为茶底，但是随着六大茶在市场上的推广普及，以及消费者对奶茶口味需求的多元化，调饮师积极创新奶茶的茶底配方，开始选用红茶以外的茶类进行调制，比如青茶、黑茶和花茶等。

（七）果茶调饮

果茶是指将某些瓜果与茶一起搭配制成的茶饮。瓜果的范围很广，目前市面上常见的果茶会添加红枣、梨、桔、香蕉、山楂、椰子、西瓜、柠檬等。

果茶流行的原因，包括消费者口味的多样化以及对营养健康的追求等。果茶的功效不仅取决于茶，还取决于搭配的瓜果，比如雪梨白茶是一款老少皆宜的经典调饮茶，雪梨具有生津止渴、化痰止咳、润肺的功效，搭配清热解毒的白茶，功效更佳。

此外，果茶在色彩上的搭配也是吸引消费的主要因素之一。例如，市面上流行的一款特色饮品“原谅绿”，就是用具有鲜浓绿色茶汤的泰国绿茶与同样是绿色的苦瓜或青瓜进行搭配。该款饮品绿色鲜浓，色彩极具视觉冲击效果。

课后习题

一、判断题（对的请打“√”，错的请打“×”。）

（　　）1.茶氨酸是茶叶中特有的，是茶叶风味的主要成分。

（　　）2.调饮是对茶叶、水果、奶及其制品等原辅料，通过色彩搭配、造型和营养成分配比等，调制的口味多元化的饮品。

（　　）3.从中国的饮茶历史来看，清饮法出现的时间是早于调饮法的。

（　　）4.摇和法是茶调饮的常用方法，也是调酒方法中最常见的方法之一，在调酒中也称摇荡法。

（　　）5.调饮师——国家职业标准（2023年版）将调饮师设为五个等级，分别为：五级/初级工、四级/中级工、三级/高级工、二级/技师、一级/高级技师。

二、单项选择题（答案是唯一的，多选、错选不得分。）

1.红茶调饮浸泡时间一般是（　　）。

A.1～2分钟　　B.2～3分钟　　C.3～5分钟　　D.5～8分钟

2.调饮方法大致可提炼为摇和法、搅拌法、煮饮法和（　　）。

A.破壁法　　B.熬制法　　C.分层法　　D.兑和法

3.兑和法达到颜色分层，不仅依靠控制液体密度，也考验调饮师的手法，倒入的动作要轻，（　　），要避免摇晃。

A.速度要慢　　B.速度要快　　C.速度要适中　　D.速度要匀速

4.（　　）年3月，中华人民共和国人力资源和社会保障部联合国家市场监管总局、国家统计局向社会发布了包括调饮师在内的18个新职业。

A.2020　　B.2021　　C.2022　　D.2023

5.（　　）不适合做调饮红茶的配料。

A.蜂蜜　　B.柠檬　　C.玫瑰　　D.榴莲

6.红梗红叶茶是绿毛茶（　　）采摘以及加工不当而产生的一些茶叶品质上的弊病。

A.老叶　　B.小叶　　C.鲜叶　　D.大叶

7.在冲泡调饮红茶时，做法错误的是（　　）。

A.一般多采用红碎茶来制备红茶汤

B.冲泡时用90 ℃的水，并且快速出汤以防止滋味变浓

C.冲泡时可依据个人口味加入牛奶

D.柠檬和蜂蜜是常用来调饮红茶的配料。

8.（　　），不属于调饮法饮茶方式。

A.茶汤中添水　　B.茶汤中加酒　　C.茶汤中加糖　　D.茶汤中加果汁

9.冬天，天气寒冷，饮杯（　　），或者将它调制成奶茶，可以起到生热暖胃之效。

A.花茶　　B.绿茶　　C.乌龙茶　　D.红茶

10.冲泡调饮红茶的主要用具有（　　）。

A.烧水壶、泡茶壶、带柄带托的瓷杯

B.玻璃壶、盛茶杯、水盂

C.紫砂壶、茶盅、大茶杯

D.烧水壶、泡茶壶、盛茶杯

11.以下哪种饮料不是茶饮料（　　）。

A.果汁茶　　B.乌龙茶　　C.咖啡　　D.奶茶

12.茶饮料是指以（　　）的萃取液、茶粉、浓缩液为主要原料加工而成的含有一定分量的天然茶多酚、咖啡碱等茶叶有效成份的软饮料。

A.茶果　　B.茶叶　　C.茶梗　　D.茶树

13.配置调饮茶要有（　　）的操作顺序。

A.合理　　B.规范　　C.标准　　D.一套

14.窨花茶是属于调饮法的（　　）类型。

A.食物型　　B.加香型　　C.加入型　　D.旁置型

15.果蔬汁饮料是以水果和（或）蔬菜，包括可食的（　　）等为原料，经加工或发酵制成的饮料。

A.根、茎、叶、花、果实　　B.根、茎、叶、花

C.根、茎、叶　　D.根、茎

附　录

附录一　我国茶叶产区概况

为了便于管理和研究，继1979年安徽农业大学陈椽教授将茶叶品种划分为六大茶类后，1982年，中国农业科学院茶叶研究所的研究人员，根据我国茶叶产区的生产历史，结合茶区当地的生态条件、茶树类型、品种分布、茶类结构等因素，将全国茶区划分为以下四个：江南茶区、江北茶区、西南茶区和华南茶区。从区域划分来看，华南、西南、江南、江北等四个茶叶产区是我国的一级茶叶产区。全国有22个省域涉及茶叶的规模化生产，其中，超30%的茶叶产量分布在云南和福建，具体如下表所示。

我国茶叶四大产区

产区	覆盖区域	气候特点	产区特点	主要产茶类别
江南产区	位于我国长江中下游南部，包括浙江、湖南、江西三省，湖北、安徽和江苏的南部，广东和广西的北部，福建的中北部	该产区四季分明，气候温和湿润，年平均气温在15.5 ℃以上，极端最低温度多年平均不低于−8 ℃。该区域为茶树适宜区	我国茶叶主要产区，是名茶最多的茶区，也是我国绿茶产量最高的产区	绿茶：浙江的西湖龙井、江苏的洞庭碧螺春、安徽的六安瓜片、湖北的恩施玉露等 白茶：福建的白毫银针、白牡丹、寿眉等 黄茶：湖南的君山银针、安徽的霍山黄芽等 青茶：福建的大红袍、肉桂等 红茶：安徽的祁门红茶 黑茶：湖南的安化黑茶 花茶：广西和福建的茉莉花茶
江北产区	位于我国长江中下游北部，包括甘肃、陕西、河南的南部，山东的东南部，江苏、湖北、安徽的北部	该产区气温低、积温少，大部分地区年平均气温在15.5 ℃以下，极端最低温度可达−15 ℃。该区域为茶树次适宜区	我国最北边的茶区，茶区昼夜温差大，有利于茶树有机质的积累	绿茶：河南的信阳毛尖、山东的日照绿茶、陕西的紫阳毛尖等

续表

产区	覆盖区域	气候特点	产区特点	主要产茶类别
西南产区	位于我国西南部,包括西藏的东南部,云南的中北部,重庆、贵州和四川	该产区各地气候差别大,四川盆地年平均气温为16℃～18℃,云贵高原年平均气温为14℃～15℃。该区域为茶树最适宜区	我国最古老的茶区,是茶树的原产地,茶树资源丰富	绿茶:云南的滇绿、四川的竹叶青、贵州的都匀毛尖等 白茶:云南的月光白 黄茶:四川的蒙顶黄芽 红茶:云南的滇红工夫红茶、四川的川红工夫等 黑茶:云南普洱茶、四川边茶等 花茶:云南的玫瑰花茶
华南产区	位于我国南部,包括台湾、海南两地,福建和广东的中南部,广西和云南的南部	茶区高温多湿,年平均温度在20℃以上。该区域为茶树最适宜区	我国最南部的茶区,茶类结构丰富	绿茶:覃塘毛尖、凌云白毫等 黄茶:广东大叶青 青茶:广东的凤凰单丛、福建的安溪铁观音、台湾的冻顶乌龙等 红茶:广东的英德红茶,福建的政和工夫、坦洋工夫、正山小种等 黑茶:广西六堡茶

我国的四大茶区，由于所处的地理环境和气候的差异，茶叶类别结构和茶园景色也不同，进而导致南北茶文化的差异。

一、南北产茶区别

北方由于纬度较高，产茶区相对较小，名茶更是稀少；产茶类别非常单一，基本以绿茶为主。北方适宜种茶的区域只有江北茶区，该茶区的气候较为干旱少雨，年平均气温低，茶树生长比较缓慢，容易受到冻害影响；该茶区也具备茶树生长的有利因素，该茶区光照比较充足，加上区域小气候影响，也能产出不少优质茶。

我国的江南茶区、华南茶区、西南茶区均分布在南方，可见我国茶区多分布于南方，很多名茶都出自南方；此外南方的三个茶区，每个茶区产茶类别都很丰富，每个茶区都出产四五个类别的茶叶。

二、南北茶园景观区别

江北茶区因为适宜种茶的地区有所限制，所以茶园景色相对也较为单一。由于南方茶区茶树品种丰富、气候条件优越等因素，故南方茶园景观较好，很多茶园可发展为极具特色的旅游目的地。

目前，在具有较优越的茶资源的地区，均在推行茶旅融合发展模式。茶资源是发展茶文化旅游的基础，而旅游是茶业发展的载体；茶旅融合发展，打破两个产业之间的边界，使茶业和旅游两者实现在空间、产业与产品层面的相互交叉与渗透，进而可实现以茶促旅，以旅强茶。在茶叶资源极具优势的浙江，就有学者总结出茶旅融合发展的浙江模式，也就是包括了微茶庄园、茶文化主题公园、特色茶香小镇和全产业链小镇等四种不同的发展模式。

《旅游民宿基本要求与等级划分》（GB/T 41648—2022）国家标准于2017年立项，标准推广实施进一步规范了民宿的管理，提升了民宿的品质，促进旅游民宿行业的高质量发展。茶山和茶园作为风景优美的地区，拥有丰富的茶文化和独特的山水资源，自然成了民宿发展的热门地区，因而在各个茶区也发展了许多高品质、极具特色的茶园民宿。到茶园或茶山，“居民宿，游茶山，品香茗，尝美食”是许多旅游消费者和茶文化爱好者的茶旅打开方式。

三、南北饮茶区别

南北方产茶结构和饮茶历史的区别，也造成了南北方人喝茶种类的不同。

南方人爱好的茶叶种类众多，绿茶、红茶、黑茶、白茶、黄茶和青茶等六大茶类基本都有涉及，每一种茶类都有众多的饮茶爱好者，尤其是江浙沪、福建、广东一带，饮茶之风极为盛行。

北方人在喝茶的种类上就相对单一一些，往往就钟爱少量的几款茶。总的来说，北方人相对偏好喝轻发酵、口味清香的茶，如花茶、铁观音、绿茶等。

当然，随着经济、交通和网络的飞速发展，南北茶文化在快速融合。南北饮茶的不同也正在变得越来越模糊，茶文化也在慢慢影响和改变着我们生活中的每一个人。

附录二　GB/T 23776—2018茶叶感官审评方法

附录三　规定茶艺演示评分表

附录四　茶汤质量比拼评分表

参考文献

[1] 周智修，江用文，阮浩耕．茶艺师培训教材Ⅲ[M].北京：中国农业出版社，2021.

[2] 张士康，陈燚芳．调饮茶理论与实践[M].北京：中国轻工业出版社，2021.

[3] 中国就业培训技术指导中心．茶艺师（基础知识）[M].北京：中国劳动社会保障出版社，2021.

[4] 劳动和社会保障部中国就业培训技术指导中心．茶艺师（初级技能、中级技能、高级技能）[M].北京：中国劳动社会保障出版社，2004.

[5] 中国就业培训技术指导中心．茶艺师（中级）[M].北京：中国劳动社会保障出版社，2020.

[6] 人力资源和社会保障部教材办公室．茶叶加工工（初级）[M].北京：中国劳动社会保障出版社，2010.

[7] 黄建安,施兆鹏．茶叶审评与检验[M].5版．北京：中国农业出版社，2022.

[8] 卓力．宋代点茶法的审美意蕴研究[D].成都：四川师范大学，2018.

[9] 梁木子．茶叶的体质养生文献研究[D].南京：南京中医药大学，2021.

教学支持说明

为了改善教学效果，提高教材的使用效率，满足高校授课教师的教学需求，本套教材备有与纸质教材配套的教学课件(PPT 电子教案)和拓展资源(案例库、习题库等)。

为保证本教学课件及相关教学资料仅为教材使用者所得，我们将向使用本套教材的高校授课教师赠送教学课件或者相关教学资料，烦请授课教师通过电话、邮件或加入旅游专家俱乐部QQ群等方式与我们联系，获取"电子资源申请表"文档并认真准确填写后发给我们，我们的联系方式如下：

地址：湖北省武汉市东湖新技术开发区华工科技园华工园六路

邮编：430223

电话：027-81321911

E-mail：lyzjjlb@163.com

旅游专家俱乐部QQ群号：758712998

旅游专家俱乐部QQ群二维码：

群名称:旅游专家俱乐部5群
群　号:758712998

电子资源申请表

填表时间：________年____月____日

1. 以下内容请教师按实际情况写，★为必填项。
2. 根据个人情况如实填写，相关内容可以酌情调整提交。

★姓名		★性别	□男 □女	出生年月		★ 职务	
						★ 职称	□教授 □副教授 □讲师 □助教
★学校				★院/系			
★教研室				★专业			
★办公电话			家庭电话			★移动电话	
★E-mail （请填写清晰）						★QQ号/微信号	
★联系地址						★邮编	

★现在主授课程情况		学生人数	教材所属出版社	教材满意度
课程一				□满意 □一般 □不满意
课程二				□满意 □一般 □不满意
课程三				□满意 □一般 □不满意
其　他				□满意 □一般 □不满意

教材出版信息		
方向一		□准备写 □写作中 □已成稿 □已出版待修订 □有讲义
方向二		□准备写 □写作中 □已成稿 □已出版待修订 □有讲义
方向三		□准备写 □写作中 □已成稿 □已出版待修订 □有讲义

请教师认真填写表格下列内容，提供索取课件配套教材的相关信息，我社根据每位教师填表信息的完整性、授课情况与索取课件的相关性，以及教材使用的情况赠送教材的配套课件及相关教学资源。

ISBN(书号)	书名	作者	索取课件简要说明	学生人数（如选作教材）
			□教学 □参考	
			□教学 □参考	

★您对与课件配套的纸质教材的意见和建议，希望提供哪些配套教学资源：